Ivan Ivanovitch

LES PLUS GRANDS

SECRETS DU MONDE

Gouvernement occulte
Alchimie
Philocalie
Antimatière

      Le code de la propriété intellectuelle et artistique n'autorisant, aux termes des alinéas 2 et 3 de l'article L.122-5, d'une part, que les « copies ou reproductions strictement réservées à l'usage privé du copiste et non destinées à une utilisation collective » et, d'autre part, que les analyses et les courtes citations dans un but d'exemple et d'illustration, toute représentation ou reproduction intégrale, ou partielle, faite sans le consentement de l'auteur ou de ses ayants droits ou ayants cause, est illicite. Cette représentation ou reproduction, par quelque procédé que ce soit, constituerait donc une contrefaçon sanctionnée par les articles 425 et suivant du code pénal.

TABLE DES MATIERES

Préambule	5
L'apprentissage de la vie	7
2 - A la rencontre de la Sainte Science	24
3 - Les premières recherches	30
4 - Mon ami Jean	38
5 - Vézelay alchimique	44
6 - Découverte du mercure	49
7 - Lieux historiques	56
8 - Les peintures du château de Bussy-Rabutin	59
9 - Une grande initiation	63
10 - Le Gouvernement occulte du monde	71
11 - Un nouveau départ pour l'Afrique	81
12 - Le retour en France	88
13 - Les Aigles d'Héliopolis	90
14 - L'homme et l'univers	100
15 – L'antimatière	115
16 - Le Graal	126
17 - La Philocalie	140
18 - Le cœur, porte de l'Ascension	154
19 - Suite des contacts aigles d'Héliopolis	157
20 - Mahamani, Maître divin et pierre précieuse	163
21 - La voie sèche	170
22 - Suite de la quête alchimique	174
23 - Le plan neutre et les autres dimensions	175
24 - La voie du cinabre	177
25 - Les templiers et l'Alchimie	179
26 - La transmutation des métaux	186
27 - La médecine universelle	193
28 - Epilogue de la voie alchimique	195
29 - Un diamant au centre de notre cœur	196
Bibliographie	201

PREAMBULE

J'aborde, dans cet ouvrage, les plus grands secrets du monde.

L'Alchimie est la plus secrète de toutes les sciences. Voici ce que FULCANELLI dit à son sujet :

« D'une extrême simplicité en ses matériaux et dans sa formule, l'Alchimie reste cependant la plus ingrate, la plus obscure de toutes les sciences, eu égard à la connaissance exacte des conditions requises, des influences exigées. C'est là qu'est son côté mystérieux, et c'est vers la solution de ce problème ardu que convergent les efforts de tous les fils d'Hermès. »

Vous êtes invité à me suivre tout au long de mes quarante années de recherches. Je vous révélerai, au fur et à mesure de mon parcours, les techniques alchimiques liées à la fabrication de la médecine universelle. Je vous expliquerai aussi les mécanismes mis en jeu lors des transmutations alchimiques.

Peu de gens le savent, mais il existe un gouvernement occulte, en lien avec la hiérarchie céleste, chargé de guider l'humanité vers les grandes échéances prévues depuis la nuit des temps.

Découvrir le lieu où se cache l'antimatière remet en cause des certitudes établies sur la structure des mondes. Mais le plus grand secret qui puisse être révélé est certainement la relation de l'antimatière avec notre réalité profonde.

La Philocalie ou Prière du cœur est la clé qui permet de sortir de la prison où nous sommes enfermés depuis si longtemps. Elle nous aidera à rejoindre un autre monde de plus haute fréquence.

La révélation de ces secrets ouvre de nouveaux horizons sur la réalité du monde, mais surtout la possibilité d'en sortir.

CHAPITRE 1
L'apprentissage de la vie.

Je nais dans une famille modeste, pendant la seconde guerre mondiale, dans une région de l'est de la France. Second enfant d'une famille qui en comptera huit, je ne suis guère prédestiné à faire de longues études et moins encore à entreprendre avec succès des recherches dans un domaine aussi exigeant que celui de la Sainte Science.

Une bonne fée veille pourtant sur mon berceau et me guide tout au long de mes jeunes années vers cette destinée si particulière. J'ai la chance d'avoir des parents pauvres, mais travailleurs et généreux, soucieux du devenir de leurs enfants. Ils permettent à chacun de choisir la voie de son destin. Qu'ils en soient remerciés et s'ils me lisent aujourd'hui, du lieu où ils demeurent, que ma reconnaissance et mon profond amour s'envolent vers eux.

Grâce à cette liberté, je réussis à entreprendre des études et j'obtiens, à l'âge de 23 ans, le diplôme d'une grande école d'ingénieurs. Il me faut d'abord répondre aux exigences de la nation et de l'armée française. Je propose mes services pour la coopération technique. Envoyé au cœur de l'Afrique, intégré au sein des travaux publics d'une ancienne colonie française, je vais, durant plus d'une année, superviser et contrôler la construction d'un pont qui enjambe une large rivière et d'une route qui traverse la forêt, très loin de la capitale de ce pays.

Cette période, pleine d'aventures, pourrait à elle seule faire l'objet d'un ouvrage, mais je n'ai pas entrepris la rédaction d'une biographie détaillée. Je me contenterai donc de vous en relater les événements majeurs. Je passe une année riche en expériences variées, loin de toute civilisation. Je rencontre des exploitants forestiers qui se déplacent en avion pour aller de chantier en chantier. Souvent, en fin de semaine, je suis invité, avec d'autres coopérants, à des soirées amicales où, tard dans la nuit, nous jouons au bridge, après de superbes repas où s'étalent les ressources de la forêt. Je rencontre des chasseurs de crocodiles, d'éléphants et découvre, en leur compagnie, les risques inhérents à de telles aventures. Mais, à l'époque, je suis jeune, insouciant et parfois inconscient du danger.

Imaginez une pirogue longue de quelques mètres où nous nous installons à plusieurs, le chasseur, le guide et deux autres personnes dont je suis, au ras de l'eau, par une nuit sans lune, avec pour seul éclairage une lampe torche. Imaginez les crocodiles qui dorment sur les berges d'une large rivière, les yeux grands ouverts qui apparaissent rougeoyants dans le faisceau lumineux de la lampe. Imaginez le guide qui coupe le moteur et, à la rame, se rapproche de ces yeux brillants, hypnotisés par le faisceau...

Je ressens profondément, durant cette période, les énergies de l'eau et de la forêt. De longues promenades en barque sur un fleuve immense, large de plusieurs kilomètres, bordé d'une végétation luxuriante, me conduisent dans des villages reculés où je suis accueilli comme si je faisais partie de la famille. C'est à cette époque que je prends conscience du fait que l'évolution ne se mesure pas au savoir, mais à la générosité du cœur. Ces êtres, éloignés de toute civilisation passent pour des sauvages aux yeux de certains. Ils sont pourtant riches d'une richesse qui ne se transmet pas. Je me souviens de ce sculpteur aveugle, rencontré par hasard, à qui je rends visite dans son village natal, au bord de ce grand fleuve. Il aura toujours une place dans mon cœur.

C'est à cette époque que je rencontre la fille du docteur Schweitzer. Profitant d'un voyage à Lambaréné, je me rends avec des amis sur les lieux mêmes où exerça le célèbre docteur, lauréat du prix Nobel de la paix. Lors d'un repas pris en commun, elle nous parle longuement de son père, de sa philosophie et de son amour pour les plus déshérités. Et, il en fallait beaucoup pour vivre au cœur de cette forêt inhospitalière, au service des plus pauvres. L'hôpital ressemble plus à une cour des miracles qu'à un véritable hôpital, tel que nous le connaissons dans nos pays civilisés. Les malades y vivent avec leur famille, leurs enfants, leurs animaux aussi. Tous apportent le réconfort à celui qui est hospitalisé, souvent pour des maladies graves comme la lèpre ou les ulcères. Schweitzer avait compris l'importance de ne pas séparer le malade de sa famille, le réconfort apporté étant aussi vital que les soins dispensés. Nous le comprenons dans nos pays depuis si peu de temps !

Après cette année d'aventures, le retour en France est difficile. Il me faut trouver mon premier emploi. Je me suis spécialisé dans le génie civil au cours de ma dernière année d'étude et dispose d'une première expérience dans ce domaine, grâce à la coopération technique. Je pense devoir chercher dans ce secteur et ne tarde pas à trouver un emploi dans une grande entreprise de travaux routiers.

La tristesse des premiers jours perdure encore en mon esprit. Un chef de chantier me reçoit après une longue attente pour m'emmener sur une exploitation, en plein air. Nous sommes en hiver et il neige. J'ai apprécié la chaleur de l'Afrique et c'est un véritable supplice de devoir passer une journée entière sous la neige et dans le froid. Après deux journées glaciales, j'estime que je ne suis pas fait pour ce métier. Il n'y a pas, à l'époque, le chômage que nous connaissons aujourd'hui et j'espère m'orienter rapidement vers une autre voie.

Il en est bien ainsi. Un ami m'informe que son oncle, président d'une société américaine implantée en France, recherche un jeune ingénieur. Je suis inquiet lorsque je me présente car il s'agit d'une fonction pour laquelle je n'ai aucune expérience, dans un domaine que j'ignore totalement, celui de la chimie minérale. Pourquoi suis-je embauché, alors que d'autres candidats sont probablement plus expérimentés que moi ? Je ne peux croire, ayant apprécié plus tard les compétences de gestionnaire du président, qu'il m'embauche parce que je suis l'ami de son neveu. Quelque chose en moi le convainc et je crois qu'il ne l'a pas regretté.

Ainsi le destin se présente-t-il sous la forme de ce premier emploi dont je comprendrai l'importance pour mes futures recherches. Je rentre, en effet, dans une entreprise qui va m'apporter des connaissances appréciables pour mes futurs travaux alchimiques. Mais, à l'époque, je ne le sais pas encore et la vie va tracer pour moi d'autres aventures, avant que mon chemin ne croise celui de la Sainte Science.

Je reste deux années dans cette entreprise au cours desquelles j'apprends les lois de la chimie et de la thermique en supervisant la production mensuelle de plusieurs milliers de tonnes de minéraux fusionnés dans des fours à hautes températures. J'apprends aussi ce que peut être une gestion moderne d'entreprise, avec la nécessité d'élaborer une comptabilité spécifique, dite analytique, et de disposer d'outils indispensables aux prises de décisions. Cela me servira plus tard, dans d'autres fonctions, d'autres responsabilités...

Mais après ces deux années, la nostalgie des grands espaces connus au cœur de la forêt équatoriale, m'étreint le cœur. Je ressens l'impérieux besoin de retourner là-bas, en ces contrées lointaines protégées de l'animation du monde et d'apporter ma modeste contribution à l'amélioration des conditions de la vie des plus pauvres. Mais je ne suis plus seul. J'ai rencontré celle qui est devenue mon épouse et m'a donné un premier enfant. Puis-je les entraîner toutes deux dans une nouvelle aventure, dans un pays lointain où les commodités de la vie ne sont pas celles que nous connaissons en France ? Mon épouse n'hésite pas un seul instant et s'enthousiasme à l'idée de vivre près de moi sa première aventure.

Une société française construit une unité de production de verres et de bouteilles dans un pays d'Afrique, autre que celui que j'ai connu. Elle recherche un directeur technique capable, de superviser la construction du four et la mise en place des matériels, d'assurer la mise en route et d'encadrer la production. Mon expérience de l'Afrique, celle des fours à haute température acquise en France, décident le promoteur de m'engager et je signe un contrat de trois années pendant lesquelles il n'est pas prévu que nous rentrions en France.

Le destin va en décider autrement !

Notre arrivée dans la capitale de ce pays, après un vol entrecoupé d'escales, nous fait découvrir la moiteur et les senteurs tropicales. Le lendemain nous rejoignons la petite ville en bord de mer où est construite l'unité de production. Le sable, principale matière pour la production du verre, se trouve ici en abondance, entièrement gratuite. Il suffit de décaper la couche de terre arable, puis d'exploiter.

Nous arrivons aux environs de midi et sommes aussitôt conduits à notre future maison, vide de tout meuble, sans climatisation et sans confort. Un camion déchargera dans l'après-midi quelques meubles rustiques et l'essentiel pour nous, des lits, car nous sommes exténués par le voyage et aspirons à un sommeil réparateur. Malheureusement, aucune moustiquaire n'est fournie et notre première nuit est un véritable cauchemar. Nous passons plusieurs heures à nous battre contre les moustiques et nous levons plus exténués que la veille. Nous découvrons notre fille, âgée de six mois, le visage boursouflé par les piqûres de ces terribles insectes.

Quelques heures après notre lever, nous recevons la visite du promoteur. Il est sur place depuis quelques mois afin de superviser la construction des bâtiments industriels. Il nous propose de l'accompagner dans une petite station balnéaire située à soixante kilomètres.

- Vous pourrez, dit-il, vous reposer des fatigues du voyage et vous baigner.

Je décline son invitation et l'informe qu'il nous faut impérativement trouver des moustiquaires. Il a la délicatesse de ne pas insister et nous prête un véhicule.

Dans ces pays, le commerce est détenu, en grande majorité, par les chinois. Pour eux, le jour du seigneur ne compte pas. Cela nous permet de trouver et d'acheter les moustiquaires tant convoitées, mais aussi les provisions dont nous avons besoin pour le soir et le lendemain.

Ce lendemain même, je prends mes fonctions.

La construction du four, la mise en place de tous les matériels demandent six mois. Mais peu de temps avant la mise à feu du four, nous sommes informés que la production ne peut démarrer, faute de moyens financiers. Le gouvernement qui finance le projet ne veut plus assurer les dépassements de crédits réclamés par le promoteur. La comptabilité est assurée par une expatriée avec laquelle nous sommes devenus amis. C'est ainsi que j'obtiens les informations qui vont me faire comprendre le montage du projet.

Le promoteur réalise un accord avec une société d'engineering française spécialisée dans la fourniture des matériels nécessaires à la construction de la verrerie et s'assure les services d'une autre société du secteur capable de lui procurer le personnel et l'assistance technique dont il a besoin. Il connaît ainsi les coûts nécessaires à la construction. Il crée une société, en fait une simple boite postale en France et, fort de ses appuis, négocie la construction de l'usine de production avec les dirigeants du pays. Il propose et obtient de participer au capital de la verrerie par l'intermédiaire de sa société de construction. Les besoins de financements, qui dépassent, bien sûr, largement les capitaux propres, sont assurés par le gouvernement, grâce à des fonds d'aide aux pays en voie de développement.

Le promoteur décide du prix qu'il concède au gouvernement et, comme il n'a aucune concurrence, réalise un superbe bénéfice, devenant propriétaire d'une importante société sans avoir à débourser le moindre centime. Les méthodes pour s'assurer que le ministre chargé du dossier ne cherchera pas à mettre le projet en concurrence sont suffisamment connues pour que je n'aborde pas ce détail. Ces pratiques sont, bien sûr, interdites en France comme dans la majeure partie des pays où le jeu de la concurrence doit pouvoir s'exprimer librement. Toute personne qui utiliserait de telles méthodes s'exposerait à des poursuites judiciaires. Mais à l'époque, en Afrique, les lois ne l'interdisent pas et c'est donc en toute légalité que le promoteur va pouvoir s'enrichir sur le dos des ouvriers et des consommateurs africains, avec l'argent des contribuables, via les financements internationaux des pays en voie de développement.

Je demeure effaré quand je découvre que je participe à une autre forme de colonialisme, avec des méthodes différentes, certes, qui laissent une apparente liberté aux peuples, mais plus sournoises encore. Je suis un idéaliste, avec de belles et grandes idées généreuses, heureux de participer à la création d'emplois dans un pays qui en a tellement besoin, mais je dois me rendre à l'évidence et voir la réalité en face... Un grain de sable semble, cependant, s'être glissé dans cette machine si bien huilée. Le promoteur a oublié, dans son plan prévisionnel, qu'une entreprise doit assurer ses besoins en fond de roulement : il n'y a plus d'argent pour acheter les matières premières, autres que le sable, indispensables au démarrage de la production et financer les premiers stocks. Il faut que le gouvernement trouve de nouveaux fonds...

Deux mois de tractations s'écoulent au cours desquelles le promoteur cède une partie de sa participation. Mais il doit conserver une suffisante part si j'en juge par le sourire dont il nous gratifie en nous informant que tout va bien et que nous allons pouvoir procéder à l'attrempage du four.

Cela fait huit mois que nous sommes arrivés et mon épouse apprécie les facilités qu'offre la vie dans ce pays. Elle dispose d'une nounou qui s'occupe de notre fille qui commence à marcher. Elle pourrait avoir un cuisinier, mais souhaite conserver cette activité qu'elle exerce avec bonheur. Elle aime les marchés colorés et odorants, les promenades en compagnie de notre fille le long de la plage, cette vie simple et agréable, loin des soucis journaliers de nos compatriotes, en France... Nous avons changé de domicile et habitons maintenant une maison digne de ce nom, spacieuse et coquette. J'ai même obtenu un climatiseur pour la chambre de notre fille. Mais pour moi, les conditions sont plus difficiles. Je dois, éloigné de toute aide technique, faire preuve de trésors d'ingéniosité pour trouver une solution aux nombreux problèmes qui ne manquent pas de se présenter. Nous avons commencé le démarrage de l'unité de production qui n'a pas les dimensions des unités existant en France, mais présente autant de complexité. Il est prévu que nous produisions du verre allégé. C'est beaucoup plus difficile que de produire du verre recyclable.

Un jour, une panne se produit sur le système de régulation du niveau de verre, dans l'un des canaux qui conduisent le verre aux machines. Il est impossible de travailler longtemps sans ce système de régulation. Il faut trouver la panne et réparer. Pas question d'envoyer le régulateur à l'étranger pour réparation et d'attendre son retour ; et je n'ai aucun électronicien à ma disposition... C'est un chinois de la ville, qui vend des appareils électroménagers et dispose d'un oscilloscope, qui solutionne le problème et répare le matériel indispensable.

Cela fait quatre mois que j'assure la direction technique. L'unité fonctionne et nous livrons les bouteilles à une brasserie. Les exportations vers d'autres pays ont même commencé... Mais mes relations avec le promoteur se dégradent avec le temps et une goutte d'eau va faire déborder un vase déjà bien rempli !

La production du verre ne peut s'arrêter car le four de fusion se trouve à des températures voisines de 1500° et ne peut être mis en veilleuse sans d'immenses pertes financières. Nous devons donc produire de jour comme de nuit, le week-end comme la semaine. Je suis souvent appelé la nuit pour des problèmes techniques. Une fois, je demeure jusqu'à 4 heures du matin en compagnie du personnel de surveillance et d'entretien, afin de réparer une pompe défectueuse sur le circuit d'alimentation du four en fuel lourd. Vers 9 heures, mon épouse me réveille et me tend une note déposée par un coursier. Elle émane du promoteur qui s'étonne de ne pas me voir à mon poste que je prends habituellement vers 7 heures, m'informe qu'il y a de sérieux problèmes au niveau de l'arche de recuisson du verre et me rend responsable des pertes de bouteilles qui éclatent à la sortie de l'arche. Il a probablement oublié qu'il a embauché un spécialiste de ce secteur dans le cadre du contrat signé avec la société d'assistance et que je dispose du téléphone. Il pouvait m'appeler plutôt que d'envoyer une note par coursier ! Mais sans doute souhaite-t-il laisser une trace afin de justifier certaines entorses qu'il se permet de faire à mon contrat de travail.

Quelques jours plus tard, en total accord avec mon épouse, je donne ma démission. J'ai effectué la moitié du temps de séjour prévu au contrat, mais je peux démissionner en effectuant trois mois de préavis. Quelques semaines avant mon départ, je dois prendre les billets d'avion pour le retour en France car j'en assure le règlement au prorata du temps passé. Le promoteur me propose de prendre ces billets et de retenir le montant à ma charge sur mon dernier bulletin de salaire, ce que j'accepte. Je sais qu'il veut s'assurer, en prenant mes billets, que je serai à mon poste pour le passage du four de la couleur verte à la couleur ambre. En effet, les réglages d'un four en flamme réductrice ne sont pas les mêmes qu'un four en flamme oxydante et je suis le seul à pouvoir effectuer ces réglages délicats.

Mais une dizaine de jours avant mon départ, alors que nous allons changer de teinte, j'informe le promoteur que je prends mes congés. Il me regarde, étonné, et me dit que je n'ai pas le droit, qu'il doit être informé préalablement et donner son accord. Je le prie de bien vouloir relire ma lettre de démission où je précise que je prendrai mon solde de congé avant mon départ, sa non-réponse valant accord. Il a oublié ce détail, mais je suis dans mon droit et il le sait. Il me demande alors d'effectuer le changement de teinte en m'assurant qu'il me réglera mes congés et ce travail supplémentaire. Mais j'estime que ce n'est pas suffisant. Je lui demande de me régler la prime prévue contractuellement pour le bon démarrage de la production. Il me verse immédiatement une prime dont je fixe moi-même le montant et négocie pour le bon déroulement du changement de teinte une somme d'argent fort intéressante. Tout se passe à la perfection et nous pouvons, grâce à ces primes, nous payer le voyage dont nous rêvons depuis longtemps, l'Égypte.

Six mois après notre départ, une révolution communiste ravagera le pays et obligera les français à fuir, pour certains dans des conditions particulièrement dramatiques. L'unité de production sera arrêtée et ne fonctionnera plus jamais.

J'ai aimé travailler avec ces ouvriers qui marchent les pieds nus, habillés de guenilles. Ils font preuve de qualités si supérieures à celles de la majorité des expatriés ! Lors de la construction du four, il a fallu renvoyer les maçons spécialistes pour cause d'abus d'alcool et de comportements inqualifiables envers les autochtones. J'ai terminé le travail avec les ouvriers de ce pays, vingt fois moins rémunérés que ces européens. Je suis resté ami avec deux d'entre eux, particulièrement courageux et compétents, que j'ai promus chefs d'équipe à la production. Nous avons correspondu et sommes devenus parrain et marraine de l'une de leur fille qui avait quelques mois quand nous avons quitté le pays. Aujourd'hui, elle est grande et nous a rendu plusieurs fois visite en France.

Je sais que l'usine n'a jamais été remise en service ; elle n'est plus qu'une ruine. Que de gâchis et d'énergie perdue ! Pourquoi ? Je n'ai pas de réponse, mais j'ai compris qu'aucune solution ne sera viable tant qu'un même travail ne sera rémunéré de la même façon aux quatre coins de la planète, et que les gains ne seront proportionnés aux efforts, en dehors de toute spéculation. J'ai compris qu'un jour viendra où toute l'humanité expérimentera cette dure leçon d'équité et de justice.

J'ai beaucoup appris aussi, au cours de ce séjour, sur les détours de l'âme humaine, l'attrait exercé sur elle par le pouvoir et par l'argent... Mais ce ne sera pas la seule expérience que je connaîtrai avec des hommes d'affaires que les mirages entraînent rarement vers le paradis qu'ils espèrent. J'ai appris, des années plus tard, que ce promoteur avait essayé de renouveler, sans succès, la même expérience avec un autre pays. Il avait tout perdu et la leçon ne lui suffisait pas. J'ai, pour ma part, eu beaucoup de chance et cette page de ma vie se tourne avec une foule d'enseignements, et un joli voyage en Egypte où nous allons disposer, pour nous seul, de guides expérimentés et particulièrement compétents.

Au Caire, Jimmy nous attend à l'aéroport. Il règle pour nous un important problème de valise égarée que nous n'aurions certainement jamais retrouvée sans son efficace intervention. Jimmy a été ambassadeur du roi Farouk d'Égypte et exerce maintenant la profession de guide. C'est un métier qui requiert de sérieuses références et des diplômes de haut niveau, tant du point de vue de la connaissance historique que de la pratique des langues étrangères. Jimmy parle un impeccable français et nous a été chaudement recommandé par un ami qui effectua ce voyage avant nous. Nous avons demandé à l'agence de voyage de l'avoir pour guide. Il est d'une gentillesse extrême, nous conduisant même à son domicile où son épouse nous propose de garder notre fille, alors que nous faisons les visites de la ville du Caire et des pyramides.

A Assouan nous découvrons le barrage, l'obélisque inachevé, l'île éléphantine et probablement d'autres lieux dont je n'ai pas gardé le souvenir. J'ai, par contre, en mémoire ce luxueux palace où nous descendons à Louxor, avec son jardin immense aux magnifiques bougainvilliers. Qui, après avoir visité le temple de Karnak, l'allée des sphinx et, de l'autre côté du Nil, les vallées des rois et des reines, ne garderait en mémoire la vision de ces trésors d'une civilisation disparue ?

Nous remontons de Louxor au Caire par le train, en couchette de nuit. De retour au Caire, nous devons nous rendre à Alexandrie. Malheureusement, nous ne découvrirons cette ville que bien des années plus tard, car notre fille est tombée malade. L'agence nous envoie un médecin qui parle français. Il diagnostique une bronchite, nous prescrit les médicaments nécessaires et nous conseille d'annuler notre voyage à Alexandrie. L'agence nous propose, en compensation, de nous loger dans l'un des plus grands hôtels de la ville, le Sheraton qui domine le Nil et la ville du Caire de ses multiples étages. Nous restons plusieurs jours au calme dans cet hôtel en attendant que notre fille se remette, ce qu'elle fait rapidement. Cet hôtel est vraiment luxueux et dispose d'un excellent restaurant. Je garde, 35 années après, le souvenir de pigeons au blé vert... Un vrai délice !

De retour en France, nous nous installons chez les parents de mon épouse qui habitent un tout petit village. Je me mets en quête d'un nouvel emploi. Cela va demander plusieurs mois pendant lesquels je vais entreprendre des recherches dans des domaines qui me tiennent beaucoup à cœur.

J'ai été élevé au sein de la religion catholique et je suis, jusqu'à l'âge de 12 ans, un enfant de chœur assidu. Mais plus je grandis, moins j'accepte les mystères auxquels on me demande de souscrire sans chercher à comprendre. Je ne peux imaginer me retrouver en enfer parce que j'ai omis de me rendre un dimanche à la messe... Bref, je suis devenu athée avant même d'être adulte. Je ne refuse pas de croire à une forme de puissance supérieure, mais je ne dispose d'aucun repère pour affirmer une pensée qui se veut libre et soucieuse d'exercer sa propre logique.

Au cours d'une conversation, j'apprends que la mère de mon épouse fait partie d'une école ésotérique dont les traditions remontent à l'ancienne Égypte. Elle dispose d'ouvrages que je me mets à lire assidûment durant cette période où je dispose de temps libre. J'apprécie la philosophie de cette organisation qui essaie d'expliquer sans imposer. Chacun demeure libre d'adhérer ou non aux propositions offertes. C'est ainsi que je prends connaissance, pour la première fois, de la théorie de la réincarnation, de la loi du karma et d'autres principes liés aux énergies. J'ai la possibilité d'adhérer à cette organisation, mais je ne suis nullement pressé et j'ai besoin d'un temps de réflexion.

C'est aussi pendant cette période que j'entreprends mes premières recherches sur la gravitation. Je me souviens clairement de ce jour où nous sommes une vingtaine autour d'un feu de camp, à faire rôtir le mouton à la lisière d'une forêt de sapins. L'air est doux, le ciel de mai ensoleillé. J'ai envie de me retirer du groupe afin de ressentir les énergies du lieu. Une voix intérieure se met à résonner en moi, me demandant de comprendre le fonctionnement de la gravitation. Je suis stupéfait ! J'ai appris les lois de Newton sur l'attraction gravitationnelle, la théorie des Quanta, et celle d'Einstein qui explique la déformation de l'espace par la présence d'une masse, mais je ne suis guère prêt à entreprendre des recherches dans un domaine qui n'est pas tout à fait le mien ! Je suis ingénieur et non pas physicien !

Mais l'impulsion est donnée et j'ai maintenant hâte de trouver une explication plus rationnelle à celle fournie par ces théories. Ce sera bien des années plus tard, après beaucoup de recherches, que je comprendrai que la gravitation résulte d'un différentiel de la pression du milieu et n'est pas une attraction comme nous le pensons habituellement. J'ai expliqué la compréhension à laquelle je suis parvenu dans un précédent ouvrage intitulé « Sciences Secrètes ». Je reviendrai sur la question, plus tard, pour expliquer comment j'ai découvert cette énergie du milieu, source de la gravitation, mais aussi base de secrets alchimiques...

Après sept mois de recherches, je suis embauché par une société suisse de dimension internationale afin de construire en France plusieurs unités de production. Je dois, préalablement à ma prise de fonction, effectuer un stage de trois mois afin de connaître les rouages de l'entreprise.

Notre famille s'est agrandie et nous avons maintenant deux enfants. Nous séjournons dans un petit village de la Suisse allemande, pas très éloigné des montagnes. C'est une région de vignobles et les couleurs d'automne, sous un ciel d'azur, sont magnifiques. Je garde un agréable souvenir de ces quelques instants de notre vie...

Le stage est écourté car le nouveau directeur de l'entreprise en France a un impérieux besoin de mes services et estime que je serai plus utile à ses côtés. Je reste quatre années dans cette entreprise et ce sera pendant cette période que je rencontrerai Jean qui deviendra mon initiateur en la Sainte Science. J'entame aussi une période de ma vie où les errances feront place à des voyages plus intérieurs.

CHAPITRE 2
A la rencontre de la Sainte Science

Quelques mois après notre retour, je m'inscris à l'école initiatique précédemment évoquée et reçois chaque mois deux fascicules que je lis avec beaucoup d'intérêt. Je participe aussi à des réunions mensuelles et rencontre d'autres membres de l'association. C'est ainsi que je fais la connaissance de Jean et de Marie qui deviendront mes amis.

Après quelques temps, je deviens le responsable local de l'association, pour une année. A ce titre, j'organise des rencontres amicales qui nous permettent d'échanger et de partager nos connaissances en toute fraternité. Jean me propose de faire un exposé sur une science qui, dit-il, est inconnue du plus grand nombre, mais se pratiquait jadis au sein des écoles de mystères de l'ancienne Égypte. Cette science, me dit-il, est l'alchimie.

Bien que je ne connaisse rien du sujet, j'accepte que Jean fasse son exposé au cours d'une réunion amicale. La finalité de cette science, nous dit-il n'est pas de faire de l'or, comme la majorité des gens le pense, mais d'élever spirituellement celui qui la pratique et découvrir un élixir de longue vie appelé médecine universelle. Il aborde le symbolisme très particulier utilisé par les alchimistes pour cacher leurs matières et leurs opérations. Soufre, Sel et Mercure sont des noms qui reviennent souvent dans l'exposé... Pour les autres noms, je ne les ai pas gardés en mémoire ! Et pour cause, je ne comprends rien, mais absolument rien, à ce que Jean nous expose. La transmutation du plomb en or et la jouvence de jeunesse sont, pour moi, des rêves, et je ne suis pas un rêveur !

Je supervise à l'époque la construction d'un important complexe industriel et me rends fréquemment en Suisse afin de coordonner les travaux avec un cabinet d'engineering. Je dois faire preuve, dans mes activités professionnelles, de beaucoup de rationalisme et il m'est difficile de souscrire à la réalité de ce que Jean nous raconte. Mais la nature m'a doté d'un esprit ouvert et, comme je le fais habituellement, je décide de ne pas rejeter cette possibilité et j'applique le principe du pourquoi pas ? Jusqu'à ce que j'aie pu me faire une opinion.

C'est la raison pour laquelle je me rends à plusieurs conférences sur l'alchimie afin d'en savoir plus. Aucune ne m'apporte d'éléments susceptibles de me convaincre. Au contraire, ces conférenciers qui, je m'en rendrai compte plus tard, n'ont jamais travaillé une seule seconde dans un laboratoire, me confirment dans mes premières impressions et me laissent plus sceptique que jamais. Pendant de longues années, je pense que cette science est un doux rêve, un mythe comme il en existe beaucoup d'autres...

Et puis, un jour, j'entends frapper à la porte de notre maison. Nous habitons un petit hameau paisible, perdu dans la campagne. Je me souviens qu'il faisait beau. C'était le jour de l'équinoxe de printemps et les premières fleurs embaumaient l'air de notre jardin.

- Entre, tu es le bienvenu en ce jour si merveilleux, dis-je à Jean, en lui serrant la main. Quel bon vent t'amène ?

Il ne répond pas à ma question, mais sourit malicieusement. Et, comme d'habitude, sans jamais se presser, il entre dans le salon et s'installe confortablement.

- Alors, Jean, comment vas-tu ? Es-tu toujours aussi satisfait de ton travail et de tes recherches ?

- Justement, répond-il, plus vivement que d'habitude, j'ai quelque chose à te montrer !

Je le regarde sans répondre et le vois chercher quelque chose dans la poche de son veston. Il en sort une boîte transparente à l'intérieur de laquelle je devine une matière aux reflets d'émeraude. Jean ouvre la boîte, me présente son contenu et me déclare, d'un air triomphateur :

- Voici l'émeraude des philosophes !

Je prends la boîte, observe délicatement son contenu et découvre un sel vert que je reconnais immédiatement. Je l'utilise pour préserver mon jardin contre l'envahissement de plantes parasites.

- Attends un instant, dis-je à Jean, je reviens de suite.

Je prends une poignée de sel et reviens près de lui.

- Tiens, Jean, regarde et compare ! Qu'en penses-tu ?

Jean, ébahi, met de longues minutes avant de répondre enfin :

- Mais c'est le même sel, comment as-tu pu deviner ?

- Nous en produisons des tonnes dans l'une de nos unités de production, lui répondis-je, heureux de l'effet que je venais de produire sur lui.

Jean me raconte alors les trésors d'ingéniosité qu'il lui fallut pour produire dans son petit appartement ce sel qu'il pensait être la fameuse émeraude des philosophes.

- Tu sais, me dit-il, cette émeraude, c'est la matière première des alchimistes. C'est, selon la Tradition, dans cette émeraude, qui se détacha du front de Lucifer, que fut taillé le Graal, ce vase sacré dans lequel le pieux Joseph d'Arimathie recueillit le sang du Christ. Et ce sang, me dit-il, est un sang symbolique mais réel, contenu dans l'émeraude, qui devient, grâce aux opérations alchimiques, l'élixir de longue vie.

A la suite de ces paroles, quelque chose se passe en moi, une sorte de lointain souvenir émerge, comme si cet instant était prévu de longue date... Pour la première fois, je prends conscience que cette science repose sur des éléments concrets et Jean m'en apporte le premier élément. Je regarde soudain l'alchimie avec d'autres yeux et j'entrevois d'autres possibilités...

- Jean, peux-tu me conseiller des ouvrages qui m'en apprendront plus sur cette science ?

- Bien sûr, répond-il, tu dois lire « Le mystère des cathédrales » et « Les demeures philosophales » de Fulcanelli. Tu verras, après cette lecture, tu ne douteras plus de la réalité de l'alchimie !

Quelques jours plus tard, nous partons pour le sud de la France avec nos deux filles : quinze jours de vacances au pied des Pyrénées ! Jean me prête les livres de Fulcanelli car je ne peux me les procurer immédiatement. Au cours de ces deux semaines, je dévore littéralement ces ouvrages et un passage, dans le tome deux des « demeures philosophales », retient plus particulièrement mon attention :

« Nous sommes en droit de considérer, avec la pluralité des maîtres, que la dissolution philosophique réalise la purification absolue des métaux imparfaits. »

« Mais ce qui distingue la solution philosophique de toutes les autres, c'est que le dissolvant ne s'assimile pas au métal basique qui lui est offert ; il en écarte seulement les molécules, par rupture de cohésion, s'empare des parcelles de soufre pur qu'il peut retenir et laisse le résidu, formé de la majeure partie du corps, inerte, désagrégé, stérile et complètement irréductible... »

Je sais que certains corps acquièrent des caractéristiques physiques et chimiques tout à fait particulières et parfois étonnantes lorsque leur degré de pureté atteint et dépasse certaines valeurs. De multiples techniques de purifications ont été découvertes afin d'éliminer les impuretés. La distillation est l'une de ces techniques et l'eau, par exemple, distillée trois fois devient si corrosive qu'elle attaque et dissout le récipient dans lequel elle est contenue et qu'il fut nécessaire de concevoir des contenants spéciaux afin de la conserver. Les techniques de cristallisation fractionnée donnent des sels d'un haut degré de pureté, lesquels utilisés en médecine ont, suivant le degré atteint, une efficacité plus ou moins grande dans la lutte contre la maladie. Lors de la purification des métaux, les techniques modernes, comme celle de la zone fondue, permettent d'obtenir des corps très purs dans lesquels subsiste moins d'un millième de gramme d'impuretés dans un kilogramme de métal. Ainsi le fer, soumis à ces techniques, de gris qu'il était, devient d'un blanc éclatant, aussi inaltérable aux agents chimiques que l'or le plus pur. Il n'est plus oxydé par l'oxygène de l'air et se trouve libéré de cette lèpre qu'est la rouille du métal imparfait.

Tout cela, je le sais et je me demande si le sel de Jean, purifié, peut acquérir les propriétés si particulières évoquées par les alchimistes. Mon intérêt est stimulé et je décide, dès mon retour de vacances, d'entreprendre des travaux qui vont me permettre de créer un laboratoire où je pourrai me livrer à mes premières recherches.

Je ne me doute pas que je mets le doigt dans un engrenage qui va éprouver ma patience, ma ténacité et ma foi dans des limites inimaginables...

CHAPITRE 3
Les premières recherches.

A partir de ce jour du printemps 1978, Jean prend l'habitude de venir régulièrement à la maison afin de discuter de tout ce qui le passionne, mais surtout d'alchimie.

Je lui demande, un jour qu'il est de passage :

- Comment es-tu arrivé à la conviction que le sel que tu m'as présenté est bien la matière à la base des travaux alchimiques ?

- Tu n'as qu'à lire tout ce qui concerne l'émeraude des philosophes dans les ouvrages de Fulcanelli me répond-il, avec assurance.

Je lis, en effet, à la page 120 du « mystère des cathédrales » :

« Le premier agent magnétique servant à préparer le dissolvant, que certains ont dénommé Alkaest, est appelé Lion vert, non pas tant parce qu'il possède une coloration verte, que parce qu'il n'a point acquis les caractères minéraux qui distinguent chimiquement l'état adulte de l'état naissant. C'est un fruit vert et acerbe, comparé au fruit rouge et mûr... Certains Adeptes, Basile Valentin est de ceux-là, l'ont nommé Vitriol vert, pour déceler sa nature chaude, ardente et saline ; d'autres, Émeraude des philosophes, rosée de mai... »

- Tu as raison sur certains points, Jean, le mercure des philosophes à la base du grand œuvre est un sel selon Fulcanelli, et il semble bien que ce soit un sel vert. Mais, tu sais, la nomenclature des sels présentant une coloration verte est vaste. Pourquoi, selon toi, Arnauld de Villeneuve déclare-t-il : « Notre eau prend les noms des feuilles de tous les arbres, des arbres mêmes et de tout ce qui présente une couleur verte, afin de tromper les insensés » ?

- Je te précise, me répond-il, que la pierre relève du règne minéral et non pas du règne végétal. C'est probablement ce que sous-entend Maître Arnauld de Villeneuve. De plus, je pense que la difficulté majeure réside dans la préparation de l'émeraude. Il est impossible de la trouver toute préparée dans la nature et l'alchimiste doit fabriquer lui-même sa matière première ; beaucoup de textes insistent sur ce point ! Je ne suis d'ailleurs pas certain d'avoir utilisé la bonne méthode.

Mon laboratoire n'est pas encore construit mais je mets à profit mes temps libres pour rechercher dans des ouvrages de chimie tout ce qui concerne la matière que Jean m'a présentée. Je lis aussi de nombreux livres d'alchimie. Tout me semble terriblement confus et j'ai beaucoup de mal à extraire une idée directrice qui soit en mesure de me guider pour mes premières expériences de laboratoire.

Beaucoup d'ouvrages affirment que la matière première est un sulfure et qu'il est nécessaire de la traiter afin d'en fabriquer une autre matière qui pourrait bien être cette fameuse émeraude des philosophes. Un certain nombre d'entre eux parlent aussi de l'antimoine et affirme que ce métal dispose de la propriété bien particulière de purifier l'or métallique, mais aussi l'or des alchimistes.

Je découvre dans un livre de chimie la réaction de la stibine, qui est un sulfure d'antimoine, avec le fer métallique micronisé. Le résultat de la réaction donne un autre sulfure qui est en mesure de me conduire vers le sel que Jean m'a présenté. Bien qu'une température de 600° soit suffisante pour cette réaction, je décide de commander un petit four de dentiste capable d'atteindre une température de 1200°, en application de la règle bien connue : qui peut le plus, peut le moins. Je commande aussi tous les produits nécessaires aux réactions envisagées, et me voici parti pour des soirées et des nuits palpitantes...

Je suis très excité lorsque je découvre, après la réaction de la stibine avec le fer, au cœur même de l'enveloppe noire du sulfure nouveau, une masse éclatante et brillante portant une empreinte que j'imagine être cette fameuse étoile dont parlent tant de textes alchimiques.

Bien des années plus tard, j'aurai la surprise de découvrir, à la télévision, un alchimiste venu présenter cette réaction et affirmer qu'il avait trouvé la fameuse étoile des philosophes en ce lingot brillant. Il affirmait même que l'antimoine était une médecine, ce qui n'est pas inexact puisque ce métal fut, durant quelque temps, prescrit comme médicament.

Combien de temps durèrent mes essais sur l'antimoine ? Plusieurs années avant que je n'acquière la conviction que j'avais emprunté une impasse. Et je constate que je ne suis pas le seul à avoir commis cette confusion regrettable et que le nombre de chercheurs qui se sont laissé prendre au traquenard grossier tendu par maints philosophes, pourtant réputés, est simplement prodigieux.

Artéphius qui commence par ces mots : « l'antimoine est des parties de Saturne... », Philalèthe qui intitule l'un de ses ouvrages : « Expériences sur la préparation du mercure philosophique par le régule d'antimoine martial... », et Basile Valentin qui écrit tout un ouvrage sur le « Char triomphal de l'antimoine » ont, comme il est d'usage, parlé sous le voile du symbole.

Il m'a donc fallu, après des expériences qui me virent, hélas, gâcher beaucoup de matériels, de temps et d'argent, reconnaître mes erreurs de jeunesse et rechercher par ailleurs ce que ces sages voulaient entendre par leur antimoine qui sert très véritablement à purger leur or. « L'antimoine des sages, matière première extraite directement de la mine, n'est pas proprement minéral et moins encore métallique, ainsi que l'enseigne Philalèthe. Mais, sans participer de ces deux substances, il tient le milieu entre l'une et l'autre. Il n'est pas néanmoins corporel, puisque entièrement volatil. Il n'est point esprit, puisqu'il se liquéfie dans le feu comme un métal. C'est donc un chaos qui tient lieu de mère à tous les métaux ». Et Fulcanelli, de préciser : « C'est la fleur métallique et minérale, la première rose, noire en vérité, qui est demeurée ici-bas comme une parcelle du chaos élémentaire ». Voici donc des caractéristiques qui éloignent notre antimoine symbolique de la stibine et de l'antimoine métallique.

Cette première et douloureuse expérience me fait comprendre la nécessité de mieux étudier le symbolisme alchimique.

Depuis quelques années déjà, j'ai quitté la société suisse qui m'employait et j'ai trouvé un emploi dans une autre société de la région. J'exerce un métier plus sédentaire et dispose de longs week-ends qui débutent le vendredi midi. Une vraie bénédiction, pour ma nouvelle passion ! Je rencontre aussi Jean beaucoup plus souvent.

Un jour qu'il est de passage à la maison, je lui dis :

- Tu sais, nous devrions essayer de mieux comprendre le symbolisme alchimique. C'est, il me semble, le seul moyen que nous ayons de comprendre les écrits alchimiques et de découvrir non seulement les matières dont nous avons besoin, mais aussi les opérations que nous devons effectuer.

- En ce qui concerne le nombre de matières, me répond-il, c'est assez simple, il y a deux matières à la base du grand œuvre, le sel et le mercure. Quant au soufre, les textes sont suffisamment clairs, il découle du mercure !

- Mais comment peux-tu affirmer cela, lui demandai-je.

Pour toute réponse, il me demande de lui présenter les livres de Fulcanelli et, après quelques instants de recherche, il me montre un passage qui semble, en effet, ne laisser aucun doute :

« Deux corps suffisent pour accomplir le magistère, du début à la fin. Si nous devons en admettre un troisième, nous le trouverons dans celui qui résulte de leur assemblage et naît de leur destruction réciproque. Car vous aurez beau chercher, multiplier les essais, vous ne trouverez jamais d'autres parents de la pierre que les deux corps susdits, qualifiés principes, desquels provient le troisième, héritier des qualités et vertus mixtionnées de ses géniteurs ».

- Tu sais, Jean, il n'y a peut-être que deux matières à la base du grand œuvre, mais il y a des matières dérivées de ces premières matières, et les termes utilisés par les alchimistes pour désigner toutes ces matières sont si variés qu'il est absolument impossible de reconnaître un chemin en pareil labyrinthe. Regarde, j'ai noté quelques noms utilisés, et encore, je ne les ai pas tous relevés.

Je lui tends une liste sur laquelle j'ai écrit :

Chêne, dragon, magnésie, aimant, vénus, vieillard, lion vert, lion rouge, vitriol, émeraude, rosée, œuf, griffon, acier, salamandre, semence métallique, feu secret, dissolvant, coq, renard, soleil, lune, laiton, vierge, lait, salpêtre, miroir de l'art, médiateur, etc.

- Comment veux-tu que nous nous y retrouvions ?

— C'est simple, me dit-il en souriant, comme si tout était toujours facile, il suffit de trouver les équivalences !

- Quelles équivalences ? lui demandai-je, surpris.

- Et bien, si tu découvres que le vieillard n'est rien d'autre que le mercure, tu as réduit les inconnues et tu obtiens des informations sur le mercure à chaque fois que tu as des textes qui parlent du vieillard.

- Attends, lui répondis-je, ce que tu m'expliques là semble en effet simple et logique, mais j'ai lu quelque part que des auteurs différents utilisaient le même symbole pour désigner des matières différentes. Comment s'y retrouver ?

- C'est vrai, répond Jean, aussi est-il nécessaire d'étudier les équivalences relatives à quelques auteurs seulement. Déjà en étudiant le symbolisme propre à Fulcanelli, tu auras une foule d'informations qui te permettront de progresser.

La tâche est titanesque, mais je l'entreprends avec courage et ténacité. Pendant de longs mois, je relève dans les livres de Fulcanelli et les livres de quelques auteurs dont je suis convaincu qu'ils sont allés jusqu'au bout du grand œuvre, les passages relatifs à chaque symbole. Je les transcris dans un cahier. J'essaie de déterminer à quel élément du sel, soufre ou mercure chacun d'eux se rattache.

Si vous souhaitez progresser en cet Art, vous devez apprendre à reconnaître chacune des matières. Je connais la difficulté de la tâche, ainsi que certains risques. A vaincre sans péril, on triomphe sans gloire, répètent à l'envie de nombreux alchimistes, mais il n'est pas interdit d'être prudent. Entreprenez vos essais sur de petites quantités au départ et assurez-vous de maîtriser vos opérations avant de passer à de plus grandes. Rappelez-vous que le mercure est appelé « dragon » pour de pertinentes raisons. Il est dangereux et, comme le dragon, crache le feu quand on l'attaque. Il est donc indispensable de connaître le moyen de le maîtriser avant de découvrir les trésors qu'il recèle.

Ce travail de recherches et de compilation de textes m'a beaucoup fatigué. Ma vue s'étant affaiblie, un ophtalmologiste, consulté, m'envoie à l'hôpital des quinze/vingt où un spécialiste diagnostique un œdème à l'œil gauche. Il me faut prendre du repos et abandonner pour quelque temps la lecture des ouvrages alchimiques.

CHAPITRE 4
Mon ami Jean

Jean me rend visite chaque semaine, mais nous évitons de parler d'alchimie. Nous mettons à profit cette période, cet entracte dans nos recherches, pour mieux nous connaître et c'est ainsi que je découvre une facette de sa personnalité, jusque-là inconnue. Il n'exerce pas la profession d'enseignant, mais je le devine en parfait professeur d'histoire, lui qui aime tant raconter et qui le fait si bien. C'est un homme passionnant et je découvre qu'il est aussi un inventeur génial.

- Sais-tu, me dit-il un jour, j'ai découvert un principe mécanique d'un tel intérêt que l'armée française s'est intéressée à mon invention ?

Je le regarde avec étonnement. Comment aurai-je pu deviner ?

- Raconte-moi !

- Et bien, voilà, me dit-il, j'ai remarqué qu'un système bielle manivelle dispose d'un faible rendement parce qu'aux environs des points haut et bas, que l'on dit « points morts », les efforts transmis sont voisins de zéro. Ainsi sur une bicyclette, le couple transmis à la roue arrière l'est essentiellement quand les pédales se situent entre 45 et 135 ° par rapport à la verticale. Durant les autres positions, les efforts transmis sont minimes, pour ne pas dire nuls, et pendant ce temps la bicyclette ralentit, surtout si elle se trouve en côte. Tu l'as certainement remarqué : en montagne il est nécessaire de pédaler rapidement et tirer un petit braquet pour pouvoir gravir les pentes. Mais cela est très fatigant. Seuls les grands champions arrivent à maintenir le rythme et monter avec aisance. Et il en est de même sur un moteur à explosion où l'effort transmis au piston par le système bielle manivelle est faible aux environs des points morts. Une grande partie de l'énergie se perd sous forme de chaleur.

Jean fait une légère pose, comme s'il réfléchissait.

- Poursuis, tu m'intéresses, lui dis-je, je fais du vélo et j'ai beaucoup de difficultés à monter les côtes. Si tu pouvais m'aider !

- Hélas, me répond-il, d'un air évasif.

- Qu'y a-t-il donc ?

Et bien, voilà, j'ai mis au point ce système mécanique et je l'ai fait adapter sur le pédalier d'une bicyclette par un mécanicien de mes amis. Ce mécanisme, d'une simplicité extrême, permet d'emmagasiner un couple dans une barre de torsion durant la phase de travail. Ce couple est ensuite restitué pendant la phase neutre en s'exerçant contre les pieds qui continuent ainsi de transmettre un effort à la bicyclette. Cet effort ou ce couple transmis est pratiquement continu et même en côte la bicyclette ne ralentit plus. Tu peux utiliser un plus grand braquet et sans plus d'effort, en pédalant moins vite, tu montes les côtes bien plus rapidement.

- Mais c'est génial, lui dis-je enthousiaste, quels furent les résultats ?

Extraordinaires ! J'ai expérimenté moi-même ce mécanisme et je me souviens de l'anecdote suivante : je montais une côte à grande vitesse quand deux motards de la gendarmerie se placent à mes côtés et me lancent :

- Eh bien, vous, vous avez la forme ! Vous vous entraînez pour le tour de France ?

Je suis de plus en plus excité à l'écoute de ce récit et prie Jean de poursuivre.

- J'ai décidé, me dit-il, de faire breveter ce principe en l'étendant à tout système bielle manivelle d'un moteur à explosion ou autre. J'ai reçu un avis favorable de l'institut national de la propriété industriel qui indiquait que le principe était brevetable et ne disposait d'aucune antériorité. Mais avant même que je ne reçoive la délivrance du brevet, je reçois un courrier du ministère des armées qui me dit que l'armée française entend exercer son droit de préemption sur ce brevet et que je serai contacté très prochainement. Quelques jours plus tard je reçois en effet la visite d'un représentant des armées, accompagné de deux gendarmes en uniforme. Ce représentant me propose une somme d'argent ainsi qu'un poste de chercheur au sein de l'armée française.

- De toute façon, me dit-il, vous n'avez pas le choix, l'état est en droit d'exercer sur toute découverte un droit de préemption, s'il estime que l'invention est en mesure de profiter à la nation.

L'objectif, Jean l'avait deviné, était que d'autres nations ne puissent découvrir ce principe qui serait réservé au seul usage militaire...

- Qu'as-tu fait lui demandai-je ?

– J'étais abasourdi et ne savais que faire. Je ne pouvais apparemment qu'accepter, bien que cela heurte ma conscience, et c'est tout à fait par hasard que je me suis confié à un ami.

– Tu as une possibilité, m'affirma celui-ci, tu perdras les droits d'exploitation de ton invention, mais l'armée ne pourra pas l'exploiter. Est-ce bien ce que tu veux ?
– Tout à fait répondis-je à cet ami qui me dit :
– dans ce cas, la seule solution est de demander la mise sous séquestre de l'invention.

- C'est ce que tu as fait, demandai-je à Jean ?

- Bien sûr, en aucun cas, je n'aurais pu vivre avec l'idée que cette invention serve à des fins militaires. Je suis donc tenu au secret et ne peux te donner les détails de l'invention.

Puis, après quelques instants de réflexion, Jean me dit, d'un air malicieux :

- Tu es ingénieur, n'est-ce pas ? Je t'en ai suffisamment dit pour que tu puisses deviner le principe même du brevet.

J'ai quelques idées sur la question mais d'autres quêtes occupent mon esprit. Peut-être certains parmi mes lecteurs seront-ils tentés de chercher et d'expérimenter...

Après un arrêt de quelques mois je reprends les recherches alchimiques. Je commence à bien connaître la terminologie propre à cette science. Je sais reconnaître le lien qui relie un symbole à l'une ou l'autre des principales matières cachées sous les appellations de soufre, sel et mercure. J'exploite toutes les ressources liées à l'émeraude présentée par Jean et je connais, grâce à des livres de chimie, toutes les réactions envisageables avec ce sel. J'arrive à la même conclusion que pour l'antimoine : nous avons emprunté un chemin qui ne mène nulle part. Les observations effectuées au cours des réactions avec ce sel ne correspondent pas à ce qui est décrit dans les livres d'alchimie. Ce sel n'est pas l'émeraude des philosophes !

Bien sûr, je ne suis pas arrivé à cette conclusion du jour au lendemain. Il me fallut beaucoup de temps pour accepter l'idée que j'avais tourné en rond pendant des années et qu'il fallait tout reprendre à zéro. Beaucoup auraient probablement jeté l'éponge et abandonné une recherche qui semblait de plus en plus incertaine.

Mais, en réfléchissant, je me dis que je n'ai pas complètement perdu mon temps et que j'ai, au moins, appris ce que je ne dois pas faire. En alchimie, nous n'avons d'autres possibilités que d'expérimenter au laboratoire, d'observer les réactions dans la matière, puis d'examiner si ce que nous avons découvert correspond à ce qui est exprimé dans les livres sous le voile du symbole. Jamais nous ne découvrirons, exprimé en clair, le nom des matières ou la description des opérations.

Voici ce que Fulcanelli écrit au sujet de la Sainte Science :

« La science alchimique ne s'enseigne pas ; chacun doit l'apprendre par soi-même, non pas de manière spéculative, mais bien à l'aide d'un travail persévérant, en multipliant les essais et les tentatives, de façon à toujours soumettre les productions de la pensée au contrôle de l'expérience. Celui qui craint le labeur manuel, la chaleur des fourneaux, la poussière du charbon, le danger des réactions inconnues et l'insomnie des longues veilles, celui-là ne saura jamais rien. »

Bien sûr, j'ai mis en application ces principes, mais tant d'heures passées au laboratoire, de jour comme de nuit, pour arriver à une impasse, sans savoir où je dois dorénavant diriger mes pas ! J'ai beau être tenace, le découragement s'empare de moi.

Et puis, un jour, Jean me propose de l'accompagner à Vézelay.

Tu verras, me dit-il, peu de gens le savent, mais Vézelay est un site alchimique.

Au cours de la visite, je prends des photos et décide, au retour, d'étudier ce Haut Lieu sous l'angle alchimique. Je réalise un premier écrit et nous en discutons longuement tous deux, lors de nos rencontres qui se poursuivent parfois très tard dans la soirée. Le texte sera modifié de nombreuses fois, au fur et à mesure du temps et de nos découvertes. Je vous en propose une version abrégée. Elle aidera les étudiants de la Sainte Science et permettra aux autres de découvrir ce lieu sous un angle qu'ils n'imaginaient peut-être pas.

CHAPITRE 5
Vézelay alchimique.

La tradition primordiale s'est perpétuée au travers des siècles, depuis l'aube des temps, pour parvenir jusqu'à nous par l'intermédiaire de sanctuaires qui apparaissent, pour ceux qui savent les reconnaître, comme de hauts lieux de la connaissance.

Au cœur de la Bourgogne, en plein pays celtique et druidique, Vézelay apparaît comme l'un des plus prestigieux sites susceptibles de révéler cette connaissance, en enseignant les grandes lois de la vie du cosmos par l'intermédiaire d'une science éternelle, l'alchimie.

Vézelay est une étape importante sur l'une des routes qui mènent à Saint Jacques de Compostelle. Elle fut même l'un des quatre points de ralliement et de départ. Aussi recommanderai-je au chercheur de s'arrêter à Vézelay afin d'y recueillir les éléments qui lui permettront d'accéder à l'étoile.

A proximité du site de Vézelay, à Druyes, nous trouvons une grotte profonde, actuellement obstruée, qui était appelée la cave aux fées, dont l'origine et l'utilisation remontent à une époque fort ancienne. A Saint Père, nous découvrons le site des fontaines salées dominées par trois éperons de granit.

N'est-il pas étrange de trouver à proximité de Vézelay les éléments symboliques de toute quête alchimique, avec une précision que nous ne trouvons nulle part ailleurs car ici, la fontaine est salée. Elle contient le sel, médiateur par excellence, sans qui nulle mutation du soufre jeune et vert n'est possible.

Vézelay, un nom qui captive l'imagination, émerveille le regard, émeut le cœur. Vézelay s'appelait jadis Verselai. Et le nom même de la cité nous guide dans notre recherche puisqu'il nous apprend que notre pierre, comme le Christ naissant, aura besoin du lait, du lait de la vierge afin d'assurer ses premières forces.

Et nous voici déjà en possession de l'eau de la fontaine qui est notre premier mercure et que nous signale le nom même de la cité.

Au 11ème siècle, s'établit à Vézelay un culte extraordinaire, dédié à Marie Madeleine, qui plaça très vite Vézelay au rang des hauts lieux de la chrétienté. Saint Bernard y prêcha la croisade. Philippe Auguste et Richard Cœur de Lion y réunirent leurs armées en partance pour Jérusalem. Saint Louis, trois années avant de mourir croisé, y vint, pour la dernière fois, honorer Sainte Madeleine. Rendez-vous des saints, des rois, des héros, mais aussi de la multitude des humbles, Vézelay connut son épanouissement avec celui de l'ordre du temple.

Marie Madeleine, la pécheresse repentie, est le premier témoin de la résurrection du Christ. Celle qui a beaucoup aimé et à qui il fut beaucoup pardonné, a été blanchie de ses péchés. Elle plut tant au Christ que, la première, elle obtint de le voir revenir des enfers et put annoncer au monde la splendeur de la résurrection.

Laissez-vous guider au travers des rues de la cité jusqu'à l'église de la Madeleine afin d'y découvrir une réalité invisible qui vous reliera au temple de la Jérusalem Céleste. De quelque route et chemin d'où l'on arrive, la Madeleine offre de prodigieuses perspectives. Il est difficile d'imaginer aujourd'hui ce que fut la façade à l'origine car elle a beaucoup souffert du temps et des hommes. Mais la splendeur et la beauté illuminent à l'intérieur.

Au seuil de la Madeleine, la surprise est prodigieuse : au-delà des vantaux du second portail, dans la pénombre du narthex, le Christ clame : « Je suis la porte ». Puis s'ouvre un chemin de lumière jusqu'à l'éblouissement du chœur, ruisselant de clarté. Je vous invite maintenant à quitter la lumière du chœur pour revenir à la pénombre du narthex afin d'y découvrir la vérité qu'il nous enseigne.

Le Christ, assis au centre du portail central, dans un grand nimbe en amande, les bras largement ouverts, occupe la place du trône. Seigneur et maître des trois mondes, son immanente présence rayonne sur la voûte céleste. Demi-cercles et spirales tracés sur sa tunique attestent l'authenticité de la tradition vézelienne et rappellent que c'est par révolutions cycliques que notre pierre évoluera vers toujours plus de pureté.

Le corps du Christ est cerclé par une auréole ovoïde, une amande mystique. Ce symbole nous indique que l'amande, comme la graine ou la semence, se trouve toujours cachée dans l'obscurité totale et nous révèle un haut point de la science.

Mais l'ensemble de l'œuvre est si clairement exposé en ce livre de pierre qu'il est digne de figurer parmi les plus beaux monuments dédiés à la Sainte

Science. Et afin qu'il n'y ait aucune ambiguïté, le Christ est situé au-dessus de la pierre carrée, la pierre cubique, celle qui demande, pour être régulièrement taillée, trois répétitions successives d'une même série de sept opérations.

Et nous découvrons de part et d'autre du Christ, les uns assis, les autres à demi levés, groupés par trois, les apôtres dont sept tiennent un livre. Ceux qui se tiennent à la gauche du Seigneur portent le livre fermé et ceux à sa droite portent le livre ouvert.

L'alchimiste sait que son mercure préparé offre l'aspect et la forme d'une masse pierreuse, friable et feuilletée. Les lames cristallines qui en composent la substance se trouvent superposées comme les feuillets d'un livre. C'est la raison pour laquelle ce mercure a reçu l'épithète de livre aux feuillets.

La disposition des chapiteaux dans la basilique de Vézelay n'est pas le fait du hasard. Elle fait partie d'un ensemble et d'une pensée directrice qui déjà, lors de sa restauration, n'avaient pas échappés à Viollet le Duc qui reconnaissait que, lors de sa construction, Vézelay renfermait une école d'artistes qui travaillaient d'après des traditions inconnues aujourd'hui et que les sujets traités formaient un ensemble où tout semble étrange et mystérieux.

Cet ensemble, ce fil d'Ariane qui relie chaque chapiteau, serait ce cette même science qui s'épanouit au tympan du narthex et refleurit en ce début de l'ère nouvelle, l'éternelle alchimie ? Je n'apporterai pas toutes les preuves, laissant le soin au chercheur de poursuivre sa quête afin qu'il découvre par lui-même ce qui relie entre eux les éléments symboliques et que ceux-ci lui enseignent cette science cachée de la pureté qui est un Art véritable et qu'au bout du chemin il découvre la médecine au cœur du saint calice.

CHAPITRE 6
Découverte du mercure.

Avant de vous conduire vers d'autres lieux secrets et méconnus, je vais poursuivre le récit de mes recherches en compagnie de Jean. Bien sûr, il est déçu que le sel présenté jadis comme l'émeraude des philosophes soit rejeté par l'expérience, mais, optimiste de nature, il reste convaincu que nous avons progressé et n'avons pas effectué tout ce travail en vain.

Il a raison !

Le travail réalisé sur la basilique de Vézelay exigea que nous relisions de nombreuses fois, avec beaucoup d'attention, les ouvrages d'alchimie à notre disposition, en particulier ceux de Fulcanelli. Grâce à ce travail, nous allons nous engager dans un chemin susceptible de mener au succès.

Entre temps, Jean aura quitté ce plan, et ce sera avec d'autres que je poursuivrai la route. Mais nous allons, lui et moi, travailler ensemble, quelques années encore.

Ainsi avons-nous découvert le mercure, base et fondement du grand œuvre alchimique, que nous fabriquons à l'aide de produits achetés dans le commerce. Mais nous n'avons, pour l'instant, aucune idée de ce que peuvent être le soufre et le sel. Nous essayons de multiples opérations afin de purifier ce mercure, mais sans aucun succès. Les années passent...

Au cours de ces années, des ouvrages alchimiques, particulièrement rares, nous mettent sur la voie du sel, indispensable à la poursuite des opérations. Ces ouvrages, peu connus du public, édités dans les années 70 à 250 exemplaires par Monseigneur Caro ont pour titres :

« Concordances alchimiques »
« Pléiade alchimique »
« Dictionnaire de philosophie alchimique »
« Tout le grand œuvre photographié »
« Rituel de réception d'un Frère aîné de la Rose Croix ».

Tous sont des mines d'informations et un réel encouragement sur la voie du grand œuvre.

Les photos effectuées par Kamala-Jnana apportent une preuve visuelle que la science alchimique est une réalité. Je sais que certains affirmeront que ces photos peuvent être truquées. Bien sûr, elles peuvent l'être, mais il faudrait expliquer pourquoi des hommes se seraient amusés à dépenser d'importantes sommes d'argent, dans le seul but de tromper quelques chercheurs. Ce n'est pas avec la vente de 250 exemplaires que les auteurs pouvaient rentrer dans les dépenses effectuées pour l'édition des ouvrages.

Voici ce qu'écrivait l'Impérator des F.A.R.C, cardinal de l'église templière, à Monseigneur Caro :

- Ne vous arrêtez pas aux conditions financières ou autres... Allez de l'avant, vous avez la foi. Vous avez la connaissance, vous savez ce qu'il faut pour réussir, allez donc et continuez à semer le bon grain. Ne vous laissez arrêter par rien, et souvenez-vous toujours que Dieu n'accorde la réussite qu'à ses prédestinés ; les autres, les compliqués, auront des yeux qui ne sauront voir et des oreilles qui ne sauront entendre ; que ces photographies et leurs commentaires touchent le plus d'élus possible, c'est mon souhait le plus fraternel.

Voici ce que disait aussi l'envoyé spécial de l'Impérator, lors d'une visite qu'il fit à Monseigneur Caro :

- L'alchimie est plus vraie et plus immuable que les sciences dites exactes... Ne retenons seulement pour exemple que les théories émises sur la lumière en physique et nous verrons combien sont mouvantes, fragiles et peu stables les certitudes qui nous sont données à des périodes successives : Newton l'a présentée comme une émission de particules ; Huygens, balayant cette conception, la proclame comme une propagation d'ondes ; Maxwell, détruisant à son tour cette assertion, la rattache aux ondes électromagnétiques ; aujourd'hui, on admet qu'il peut s'agir d'un aspect ondulatoire du phénomène lié à l'émission de corpuscules d'énergie ou photons, etc. Que sera demain, cette science exacte d'aujourd'hui ? L'alchimie, au moins, si elle reste tout aussi nébuleuse et secrète que la lumière, aux yeux de certains savants ou chercheurs, a du moins le grand avantage de ne pas avoir évolué au cours des siècles et d'être restée toujours elle-même, ce qui est un gros atout pour ses adeptes.

Patriarche archevêque de l'église universelle de la nouvelle alliance était le titre porté par Monseigneur Caro. L'EUNA, à la suite de l'église templière qu'elle fut autrefois, était membre de l'union des églises catholiques et orthodoxes de rite traditionnel.

Peu de gens le savent, mais le Temple se perpétuait discrètement depuis longtemps et demeurait soumis à Rome. Cependant, en 1850, il y eut un arrêt brutal qui mit l'église templière en sommeil de l'église apostolique et romaine. Elle se perpétua alors, discrètement, au sein de l'ordre des Frères aînés de la Rose Croix. Puis, à la mort de Monseigneur D'Ossa, Roger Caro prit sa succession et réveilla l'église templière en lui donnant un vocable moins controversé et plus neutre pour le 20ème siècle. C'est ainsi que le Temple se perpétue de nos jours, dans une totale discrétion.

L'église universelle de la nouvelle alliance est déclarée le 12 octobre 1972 et paraît au journal officiel. La foi des pauvres chevaliers du Christ est ainsi préservée et Mg Caro reçoit la succession vaticane des mains de Mg Staffiero, primat de l'église de l'unité catholique et apostolique.

La découverte de ces écrits alchimiques se révéla primordiale pour mes recherches. Les ouvrages de Fulcanelli me permirent de trouver l'entrée du chemin, les écrits des Frères aînés de la Rose Croix me permettront de découvrir la seconde matière. Pendant quelques années, j'ai correspondu avec Monseigneur Caro. J'ai conservé nos échanges dont voici deux extraits, à quelques années d'intervalle :

En 1983 :

- Je me réjouis si mes écrits ont pu vous faire avancer. Bien sûr, cela ne vaut pas l'aide d'un bon guide bien physique, mais là, il ne faut jamais perdre confiance et le secours arrive toujours au moment où on l'attend le moins, du côté où on était persuadé qu'il n'arriverait jamais. L'Art Royal est un Art et une Science et il faut de la pureté d'intention, de la patience, de la persévérance et beaucoup de courage...

En 1988 :

- Il semble que vous soyez à présent en bonne voie, car la peau de léopard n'est pas facile à obtenir, c'est un peu comme la couleur noire...

En effet, au cours de l'année précédente, j'avais obtenu, après une coction du mercure dans du soufre durant sept jours, une magnifique peau de léopard, visible au travers du vase en Pyrex dans lequel j'avais opéré. Je précise à nouveau qu'il ne s'agit, en aucune façon, du soufre et du mercure courants du commerce, mais de ces corps ainsi appelés par les alchimistes pour cacher le nom véritable des matières. Je précise aussi que j'avais utilisé le soufre vulgaire, ainsi que le dénomme Philalèthe et non pas le soufre philosophique que je ne connaissais pas encore.

Cette peau de léopard, Kamala-Jnana en fait une description dans son dictionnaire philosophique :

« Cette appellation est donnée par Saint Jean dans son Apocalypse XIII, 2, parce que le compost présente à cet endroit les mêmes taches qu'un léopard. Certains auteurs ayant traduit cet animal par panthère ont faussé involontairement le sens du texte pour la raison bien simple qu'une panthère est zébrée et non tachetée. Or, nous le soulignons, le compost est bien tacheté au stade Solve décrit par Saint Jean ».

Je commençais à avoir une excellente idée de ce que pouvait être la médecine universelle, mais je ne maîtrisais pas les opérations de purification. La découverte du soufre vulgaire était importante, mais j'étais encore loin de la découverte du soufre philosophique.

Dans la préface du tome 1 des « demeures philosophales », Canseliet révèle à la page 31 :

« Nous ne pensons pas davantage commettre une imprudence, en publiant que Fulcanelli nous confia être resté plus de vingt-cinq ans à rechercher cet Or des Sages qu'il avait sans cesse auprès de lui, sous la main et devant les yeux. Cet aveu, baigné de franchise, d'humilité où perçait presque du repentir, nous laissa, sur le moment, tout confondu. Au vrai, son exemple ne constituait pas une exception. Naxagoras, de qui nous lisions, aux côtés du Maître, « L'Alchymie dévoilée », dans une très fidèle traduction française manuscrite du 18ème siècle, après avoir quêté, pendant trente années, ce corps mystérieux, qu'il tenait de ses mains chaque jour, s'exclama, soudainement transporté : « Ô grand Dieu ! dans quel aveuglement nous tenez-vous, jusqu'à ce que vous sachiez, par votre miséricorde infinie, que cet œuvre ne nous perdra pas ! »

Je mettrai, comme Fulcanelli, presque vingt-cinq années avant d'acquérir la conviction que ce soufre noir, irisé comme les plumes du corbeau, est bien le corps que tous les philosophes appellent soufre philosophique, enfant du mercure et père de l'œuvre. La fabrication de ce soufre est, avec les techniques des aigles ou sublimations philosophiques, l'un des plus grands secrets de la quête alchimique.

CHAPITRE 7
Lieux historiques.

L'Hôtel Lallemant

Je visite, en compagnie de Jean et de quelques amis, des lieux décrits dans les ouvrages alchimiques. C'est ainsi que je découvre le Palais Jacques Cœur et l'Hôtel Lallemant à Bourges. Mon attention est attirée par cette petite crédence du 15ème siècle dont parle Fulcanelli dans « le mystère des cathédrales » avec, pour sculpture en sa partie centrale, les termes étranges RERE RER, trois fois répétés. RER, selon Fulcanelli, représente le vase de l'œuvre qui sert à cuire les matières et assure leur transformation. Je mesure toute l'importance de trouver la bonne méthode pour fabriquer ce vase et me rappelle la parole des philosophes :

« L'artiste doit faire lui-même son vaisseau, c'est une maxime de l'Art ! ».

Fulcanelli donne des informations voilées, mais suffisamment claires pour que nous acquérions la conviction que nous avons suivi la bonne méthode pour fabriquer ce vase qui n'est autre que notre premier mercure. Obtenir des informations qui confirment la justesse du chemin emprunté est capital pour soutenir une foi qui pourrait vaciller. Se rendre sur les lieux mêmes où nos Frères, alchimistes du passé, ont œuvré, est aussi une démarche qui permet bien souvent de dénouer des obstacles que nous ne pourrions lever d'une autre façon, comme si l'esprit des lieux portait l'empreinte des opérations qui s'y sont déroulées et que nous en percevions, inconsciemment, les résultats.

Le château du Plessis-Bourré.

Nous découvrons, un jour d'automne, ce château où résida Jean Bourré, grand argentier de Louis XI.

Canseliet décrit par le menu détail cette demeure, dans son livre « deux logis alchimiques » édité pour la première fois en 1979, chez Pauvert.

Les lieux historiques ayant appartenu à des chercheurs, pour certains adeptes reconnus, sont nombreux et le public, en les visitant, ignore bien souvent à quelle science se rattachent les scènes sculptées ou peintes qu'il découvre. Elles sont considérées, la plupart du temps, comme partie intégrante de la mythologie ou du folklore populaire.

Un jour que nous visitons un petit château bourguignon, nous découvrons, avec surprise, dans la première grande salle, d'étranges peintures murales. Le guide nous donne les explications toutes officielles, puis ajoute :

- Ces peintures commandées, à un artiste italien, par Bussy Rabutin, propriétaire des lieux à l'époque du roi soleil, sont, pour certains visiteurs, des peintures allégoriques qui se rattachent au grand œuvre alchimique.

Ma curiosité est éveillée et quelques jours plus tard, je demande l'autorisation de prendre des photos, prétextant que je réalise une thèse sur le comte Bussy

Rabutin. Autorisation accordée, un photographe de mes amis se rend sur les lieux et réalise les photos de chacun des tableaux.

Les mois suivants, je décrypte les inscriptions avec l'aide d'un professeur de latin et interprète les peintures du point de vue alchimique. Jean, de son côté, entreprend des recherches historiques sur le propriétaire des lieux. J'exprime ce que nous découvrons, comme je l'ai fait pour Vézelay, dans un écrit qui sera modifié avec le temps, au fur et à mesure des progrès réalisés dans la compréhension du grand œuvre.

Ce travail va nous permettre d'acquérir une meilleure connaissance de la matière encore inconnue appelée soufre philosophique, mais différent, comme nous l'avons vu précédemment, du soufre vulgaire. Cette différenciation des deux soufres, que tous les alchimistes n'ont pas coutume d'établir, est pourtant capitale dans la compréhension de l'œuvre. Je vous recommande la lecture de « L'entrée ouverte au palais fermé du roi » d'Eyrénée Philalèthe pour la comprendre.

CHAPITRE 8
Les peintures du château de Bussy-Rabutin

A une cinquantaine de kilomètres à l'est de Vézelay, je vous invite à visiter un château perdu au fond d'un petit vallon que rien ne distingue extérieurement des autres châteaux de Bourgogne. Mais à l'intérieur vous découvrirez d'étranges peintures murales peintes sur bois, rehaussées de phylactères, qui semblent sorties de l'imagination fertile et délirante de quelque artiste inconnu dont le style et le sujet ne se rattachent à rien de connu.

Si vous connaissiez l'importance qu'attribuait Fulcanelli à ce genre de banderole que l'on voit sur les images peintes ou sculptées et qui porte des inscriptions, votre attention serait en éveil. Porteur ou non d'épigraphe, il suffit de trouver le phylactère sur n'importe quel sujet pour être assuré que l'image contient un sens caché, une signification secrète proposée au chercheur et marquée par sa simple présence... Et, si vous disposiez de quelques rudiments de science, vous n'auriez nulle peine à reconnaître celle qui se cache derrière cette œuvre picturale.

Sans doute serait-il intéressant de rechercher l'auteur de ces peintures afin de découvrir quelle personnalité se cache derrière le propriétaire de ce petit château bourguignon qui s'adonna jadis aux joies d'une recherche secrète et légua, en souvenir de ses travaux, cette œuvre originale.

Déjà, Fulcanelli nous révéla la véritable personnalité d'un grand philosophe et puissant initié dont l'œuvre, mutilée à dessein, devait embrasser l'étendue de toute la science : Cyrano de Bergerac. Et afin de différencier cet hermétiste de l'image de bretteur grandiloquent que la pièce d'Edmond Rostand nous légua, Fulcanelli le baptisa : de Cyrano Bergerac. D'une année son cadet, le propriétaire du château se nommait Roger, Comte de Bussy Rabutin. Au service de l'armée française, il participa à la campagne des Flandres où Cyrano fut blessé en 1640, durant le siège d'Arras.

Bien que je n'aie des preuves formelles, j'aime imaginer que ces deux philosophes et écrivains français de même âge, tous deux gentilshommes et hommes d'esprit, se connurent particulièrement bien. Et leurs conversations ne portèrent sans doute pas sur les seules chroniques scandaleuses de la cour, comme l'apparence des premiers écrits de Bussy Rabutin pourraient le laisser supposer. Disgracié et exilé en ses terres de Bourgogne, il eut sans doute le temps nécessaire pour mettre en pratique les enseignements reçus et transmettre, au travers des peintures murales de son château, les secrets qu'il avait pu percer d'une science millénaire.

Alors suivez-moi et déchiffrons ensemble les messages secrets qu'il nous a destinés...

Située au-dessus d'une petite cheminée, en dessous du portrait d'un personnage historique, une première série de trois tableaux attire le regard du visiteur et intrigue par les inscriptions qu'elle comporte. Le tableau central représente un paysage de collines avec, en premier plan, un monticule qui crache une lave pourpre de tous côtés et porte l'inscription : « La cause en est cachée ». Nulle part dans la nature on ne rencontre pareil phénomène car il ne fait aucun doute que la représentation imagée n'est pas celle d'un volcan. En effet, les jets de matière ne proviennent pas d'un cratère unique, mais semblent s'échapper de toute part en une gerbe d'un rouge étincelant, sans aucune fumée, par ailleurs.

Quelle cause secrète pourrait donc provoquer pareil phénomène ?

N'est-ce pas cette même cause qui fait dire à Kamala-Jnana, dans « Comment Dieu créa l'univers » : « Parfois également quelques mondes plus incandescents que les autres arrivent à extirper de leur sein des jets de lave en fusion. Ils les projettent alors dans l'espace sous l'aspect d'une pluie de sang, de lave, mais au contact d'une zone moins chaude, ce feu se transforme en vapeur, condense et retombe sur la masse asséchée qui se teinte en la buvant ».

Selon la genèse, la terre, en ses débuts, était environnée de ténèbres et seul à sa surface se mouvait l'esprit de Dieu. La terre représente, dans notre petit monde, notre Materia prima ou pierre des philosophes. Puis Dieu dit :

- Que la lumière soit ! Et la lumière fut, et Dieu vit que la lumière était bonne et Dieu sépara la lumière des ténèbres.

A la gauche du tableau central, un tableau plus petit représente une table recouverte d'une nappe pourpre frangée d'or. Un objet dont la structure paraît cristalline et pyramidale repose sur cette table. La devise : « Plus de solidité que d'éclat », atteste que ce tableau figure la marche du soleil des sages dans l'œuvre philosophale.

Nous voici, dès le départ, grâce à ce surprenant ensemble qui orne la cheminée, au cœur même du problème alchimique. Et s'il plut au philosophe de soumettre ces énigmes à notre sagacité c'est, à n'en point douter, pour dévoiler les caractéristiques secrètes des principales matières qui entrent dans la réalisation du grand œuvre alchimique.

J'aimerais vous dire la joie que je ressentais chaque fois que j'arrivais à percer, avec la plus grande certitude, la pensée de l'auteur. Je l'ai déjà dit et je le répète, la science alchimique est une science exacte et immuable, demeurée identique à elle-même depuis des siècles et même des millénaires. Les faits sont précis et concrets et vous pouvez acquérir par une telle étude et un tel travail la conviction profonde que les opérations que vous avez réalisées, ce que vous avez vu au travers de la matière, ce que vous avez touché de vos propres mains, sont une même réalité ressentie et vue par un autre philosophe, à une autre époque, plus de trois siècles avant vous.

Vous prenez alors conscience de cette chaîne immense tissée au travers du temps par l'éternelle sagesse pour aider l'homme à gravir les échelons d'une autre science qui fait partie de la Tradition et de la véritable Connaissance.

CHAPITRE 9
Une grande initiation.

Parallèlement au travail que j'effectue sur l'alchimie, je poursuis mes recherches sur la gravitation.

J'ai, dans un précédent ouvrage intitulé « Sciences Secrètes », expliqué les erreurs commises par les physiciens dans l'interprétation de l'expérience de Michelson et Morley et fourni un certain nombre de preuves qui tendent à prouver l'existence de ce milieu appelé Nouss, Prana par les ésotéristes, champ subquantique ou champ du point zéro par les physiciens, de plus en plus nombreux à se rallier à cette hypothèse. J'ai aussi expliqué que l'énergie cosmique traverse la matière comme l'eau une paroi osmotique et qu'il fallait tenir compte de ce paramètre pour interpréter l'origine de la gravité.

Si je parle de l'énergie de l'espace, c'est qu'elle permet de comprendre des phénomènes inexpliqués dans certaines des réactions alchimiques. Pourquoi, un même corps peut-il, selon les circonstances, donner des réactions et des résultats différents ? La réponse est simple : tout dépend du niveau énergétique de la matière.

Grâce à ces travaux, je comprendrai l'action de l'énergie cosmique et réussirai à maîtriser les opérations qui me conduiront à la découverte du corps connu sous l'appellation de soufre philosophique, indispensable à la poursuite de l'œuvre. Mais plus de dix années se dérouleront encore avant que j'atteigne cette maîtrise et d'importantes initiations m'éprouveront avant que je ne découvre le plus grand secret de la science alchimique.

Je vous ai dit que j'avais été affilié à une école traditionnelle. J'ai participé ensuite aux travaux d'une organisation où il n'y avait plus d'études, mais des activités au sein de commissions. J'ai œuvré au sein de deux commissions, scientifique et économique et j'ai reçu, au fil des années, un certain nombre d'initiations qui m'ont permis de réussir de plus grandes initiations encore, prodiguées par la vie. Si je suis libre aujourd'hui de toute appartenance, je garde néanmoins, au fond de mon cœur, une grande reconnaissance pour ce qu'elles m'ont apporté. Elles furent des écoles où j'ai beaucoup appris, des lieux de rencontre, d'échange et de partage. Mais le moment est arrivé où j'ai quitté tout cela, où j'ai fait le bilan de ce que j'avais appris et expérimenté. Cette période nouvelle, si propice à l'introspection, m'a permis de comprendre l'importance de ce que j'avais vécu, de comprendre que l'extérieur est une grande illusion et que les plus grands trésors se trouvent, en réalité, cachés au fond de notre cœur... Il n'est jamais trop tard pour mesurer l'importance que nous avons pour les autres, dans l'exemple que nous leur offrons et la nécessité que nous avons de nous améliorer. Si nous sommes, en quelque circonstance et lieu que ce soit, amicaux, fraternels, compréhensifs et tolérants, si nous comprenons le pouvoir de notre pensée emprunte d'amour et de compassion pour tout ce qui vit, si nous accordons notre attitude et nos comportements à cette pensée, les portes de notre cœur s'ouvrent et dévoilent les richesses de la véritable vie.

Je parlerai de cette voie que j'évoque en cet instant, car elle est la voie royale, la seule vraie et véritable voie capable de conduire à l'illumination de l'être. Il n'est pas nécessaire d'être alchimiste pour la pratiquer, mais tous les alchimistes la pratiquent. Comment pourrait-il en être autrement ?

A présent, une grande initiation m'attend sous la forme d'une dure épreuve et d'un choix douloureux...

J'exerce d'importantes fonctions au sein d'une entreprise et fais partie du conseil d'administration en tant que directeur général adjoint. En fait, je suis le second de l'entreprise qui, quatorze années après mon entrée, a multiplié par cinq le nombre de ses salariés, maintenant au nombre de huit cents. C'est une entreprise familiale dont le président est membre de la famille fondatrice. Son développement résulte de l'action que j'ai eue dans les domaines des ressources humaines, de la gestion et de la technique et celle d'un ami devenu directeur du service commercial. Le président s'occupe du domaine financier. Je le considère avec beaucoup de bienveillance et apprécie, comme mon ami, qu'il nous fasse confiance dans les domaines qui sont les nôtres. L'entreprise comprend quatre sociétés juridiquement distinctes qui, toutes, réalisent de superbes bénéfices.

Un jour, le président m'explique l'intérêt de créer une holding qui regrouperait ces quatre sociétés. Je comprends alors ses objectifs. Le conseil d'administration lui a accordé une prime sur les résultats lui permettant de racheter un nombre important d'actions aux membres de sa famille ; il est ainsi devenu le premier actionnaire ; ce regroupement lui permettrait de consolider son pouvoir, d'augmenter sa participation au capital de l'entreprise et d'obtenir ainsi, en toute légalité, un maximum de profits personnels. Je le vois maintenant avec d'autres yeux et je comprends à nouveau l'attrait qu'exerce l'argent sur certaines âmes humaines. Bien sûr, l'argent est un intermédiaire indispensable et nous ne pouvons agir, créer, développer et progresser sans lui. Mais encore faut-il qu'il soit réparti avec équité et justice et profite à tous ceux qui sont à la source de la richesse.

Alors que l'entreprise faillit déposer son bilan, elle s'est redressée puis développée avec le temps, créant de nouvelles activités. Sa valeur était proche de zéro, mais le travail de ses employés, de ses cadres et de ses dirigeants, lui permit de surmonter ses difficultés, et de réaliser d'importants bénéfices. Mais cet argent qui résulte du travail de tous, revient aux actionnaires qui ne travaillent pas dans l'entreprise et ne sont que les héritiers des actions de leurs parents, et à un président qui y travaille, certes, mais se contente de tenir les comptes et d'augmenter son portefeuille d'actions. Tous ceux qui ne sont pas actionnaires sont exclus, dans une large mesure, du fruit de l'expansion de l'entreprise et de l'excellence de leur travail. Toutes ces questions me tournent dans la tête et, durant plusieurs nuits consécutives, j'ai des difficultés à trouver le sommeil. Une nuit plus agitée que les autres, j'entends une voix au fond de mon être qui me dit :

- Ne t'inquiète pas, dans une année tous ces problèmes seront réglés !

Étonné, mais rassuré, j'écris le lendemain même au président et l'informe que je souscrirai à son projet s'il accepte d'augmenter de façon significative la prime d'intéressement pour l'ensemble du personnel. Dans les jours qui suivent le président me donne son accord verbal et nous continuons de nous rencontrer périodiquement. Il me tient au courant de la mise en place des nouvelles structures dont je profite car je suis un petit actionnaire, cette possibilité ayant été offerte aux membres du conseil d'administration dont je fais partie.

Je relance plusieurs fois le président, afin que soit mis en place la promesse qu'il a faite. Puis, un jour, probablement excédé par mes relances et ma vision de la vie qu'il ne partage guère, il me répond : mais je ne vous ai rien promis. Je n'ai pas, en effet, cru devoir lui demander de mettre sa promesse par écrit. Je me sens piégé, incorporé dans un système dont je ne partage pas la philosophie, incapable, comme je me le suis promis, de faire profiter les salariés du fruit de l'expansion des entreprises.

Je suis alors confronté à un choix cornélien : soit je me renie et accepte la situation, continuant à profiter d'un important salaire agrémenté de primes liées aux résultats, soit je m'oppose au président et dois, à terme, quitter l'entreprise et ses avantages. Je sais que je suis à un âge où il est impossible de retrouver pareille situation et même difficile de retrouver un simple emploi.

Je décide pourtant de m'opposer au président, sachant très bien où me mènera cette opposition. Je ne relaterai pas en détail les péripéties qui me conduiront à quitter l'entreprise, mais cette opposition est allée très loin. Un jour, un huissier de justice m'interdit l'accès de mon bureau et me remet une lettre de licenciement, avec effet immédiat, m'accusant de faute lourde et une autre lettre de poursuites devant le tribunal pour entrave au bon fonctionnement de l'entreprise. J'irai seul devant ce tribunal, sans avocat, face à celui du président et j'apporterai les preuves de ma bonne foi. Je m'interdirai, cependant, d'utiliser d'autres preuves à ma disposition qui auraient permis d'accuser le président de faux et d'usage de faux. Je dispose en effet du double de contrats fictifs destinés à alimenter certains membres de la famille. Je préfère m'en remettre à la justice divine plutôt qu'à celle des hommes !

J'attends le jugement du tribunal avec confiance. Celui-ci ne constate aucune faute et précise que ce litige relève du simple droit du travail, par conséquent du conseil des prud'hommes. Je décide alors d'écrire au président et lui propose une solution amiable. J'ai su qu'il s'est violemment opposé à ma proposition, mais cet ami qui exerce la fonction de directeur commercial et fait partie du conseil d'administration, l'amène à plus de sagesse et lui suggère de me rencontrer. Quand tous deux me rendent visite à mon domicile, après des salutations froides mais courtoises, le président m'interpelle en me disant :

- C'est curieux, la lettre que j'ai reçue de vous voici un an porte la même date, à une année près, que cette lettre où vous me proposez cette solution amiable que j'ai décidé d'accepter.

Et cette voie intérieure me revient en mémoire, elle qui me disait que tous les problèmes seraient réglés dans une année. Mais je n'imaginais pas, voici un an, qu'ils le seraient, jour pour jour, de cette manière et que je me retrouverais sans emploi face à un avenir incertain, même si je recevais, il est vrai, quelques indemnités

Tous ces événements, avec leur intensité dramatique se sont parfois déroulés comme dans un rêve. J'étais profondément convaincu d'avoir fait le bon choix et de ne pas avoir vendu mon âme à la déesse fortune. J'avais une grande confiance en la justice divine, une foi inébranlable en mes convictions de fraternité et de partage. Mais je dois avouer que j'ai la chance d'être aidé par un être que je ne vois pas, mais dont je sens la bienveillante présence à mes côtés. Il m'évite de tomber dans les nombreux pièges qui me sont tendus.

Quand tout est réglé et que j'apprécie sur notre terrasse les journées ensoleillées de cet agréable mois de mai de l'année 1989, alors que mon épouse est partie rejoindre notre fille aînée en Grèce, je médite et, sensible à cette présence près de moi, je pose la question :

Vous est-il possible de me donner votre nom ?

J'entends de la façon la plus distincte qui soit ce nom que je n'oublierai jamais et à qui cet ouvrage est en partie dédié :

Mahamani !

Plus tard, j'apprendrai que l'entreprise a été vendue et que le président en a retiré une somme d'argent si importante, qu'il a décidé de se retirer dans un pays qui lui évite l'impôt sur la fortune. Plus tard encore, j'apprendrai qu'il est de retour en France, dans un fauteuil roulant, victime d'une attaque cérébrale qui l'a privé de l'usage de ses membres inférieurs. Mais, pire encore, il plongera dans un état qu'il n'est guère possible de souhaiter à quiconque avant de passer de l'autre côté du voile.

J'ai participé avec cette personne, avec ce frère humain, à une expérience de la vie que je considère comme une grande initiation. Je le remercie d'avoir été mon partenaire et de m'avoir permis d'apprendre et de progresser. Si j'ai un regret, c'est celui de ne pas avoir été suffisamment convaincant pour lui permettre de faire le bon choix, celui de la justice et du partage. Mais je dois respecter son libre arbitre et lui accorder le droit à l'erreur. Je sais pertinemment qu'il parcourra un jour le même chemin et qu'il réussira les initiations qui seront alors les siennes.

Quant à moi, j'ai la profonde conviction d'avoir réussi une initiation particulièrement difficile !

CHAPITRE 10
Le Gouvernement occulte du monde.

Préambule

J'imagine le sourire de quelques-uns à la lecture de mon récit. Certains penseront probablement que j'ai rêvé, pour ne pas dire plus... Je suis pourtant convaincu de la réalité de cette présence près de moi durant cette dure épreuve, d'autant que mon libre arbitre a toujours été respecté et que je n'ai, d'aucune manière, subi la moindre influence dans mes choix. Ce n'est que lorsque mes partenaires d'expériences reniaient leur parole et agissaient de manière contraire à ce qu'ils s'étaient engagés de faire, que les synchronicités se déroulaient afin de me faire comprendre leurs agissements et, à chaque synchronicité, je ressentais cette présence dont je vous ai parlé.

Certains de mes lecteurs savent parfaitement que nous ne sommes pas seuls dans l'existence et que des guides peuvent nous aider à reconnaître et à parcourir notre chemin de vie. Il faut cependant savoir que l'expérience du libre arbitre que nous vivons leur interdit d'intervenir si nous n'en faisons la demande. Il est donc nécessaire d'exprimer clairement ce que nous souhaitons et ne pas craindre de le répéter.

Si vous le faites, vous serez étonnés des synchronicités qui se dérouleront dans votre vie.

Nous savons aussi que nous sommes dans un monde d'apparence et que la réalité est bien différente de ce qu'elle semble être de prime abord. Bien sûr, l'expérience du libre arbitre que nous vivons, le voile de l'oubli de notre réalité, doublé de l'isolement de notre planète vis à vis de ses sœurs de l'espace, ont engendré une situation particulière où les apparences nous font croire à une totale injustice et à un profond chaos. Mais tout ce que nous vivons a sa raison d'être et doit permettre l'émergence d'une nouvelle forme de l'amour divin prenant racine dans les plus extrêmes difficultés.

Et bien qu'il soit difficile de le concevoir, les phases de l'expérience humaine sont prévues de longue date. Des êtres ont pour mission de contrôler et d'agir afin que chacune des étapes de celle-ci soit atteinte comme il se doit. Nous recevons, aujourd'hui, beaucoup d'informations sur ce qui se déroule dans les coulisses de notre planète, mais déjà, dans les années 70, nous avions des informations précises sur ce qu'il est convenu d'appeler le gouvernement occulte du monde. Je pense que certains seront heureux de découvrir ou de redécouvrir ces informations qui nous ont été transmises à l'époque par une personne pour qui j'ai énormément d'estime et de respect, Monsieur Raymond Bernard, qui fut Légat suprême pour l'Europe et Grand Maître pour les pays de langue française de l'ancien et mystique Ordre de la Rose Croix. Les informations transmises sont, aujourd'hui, plus que jamais, d'une extrême importance pour les temps à venir. Tout ce qui est exprimé maintenant est tiré de l'ouvrage de Raymond Bernard, intitulé : « Rencontres avec l'insolite ».

Le Haut Conseil

La tradition n'a jamais cessé de faire état d'un gouvernement occulte du monde et bien des noms lui ont été donné au cours des âges, bien des résidences aussi. Au 19ème siècle, Saint Yves d'Alveydre, pour la première fois peut-être d'une manière aussi explicite et précise, s'y référait avec force détails. Il leva un coin du voile sur l'Agartha, tel que l'Agartha se présentait à l'époque où il écrivit son ouvrage et tel qu'à ce moment il était constitué et conduisait ses activités. Mais ce gouvernement occulte n'est plus en aucune façon ce qu'il était. A tous égards, il s'est adapté aux conditions du monde moderne, dans une progression lente, par un ajustement constant aux conditions nouvelles.

Aujourd'hui, le nom même de l'Agartha a changé et ne peut être communiqué.

Le Haut Conseil de l'A...... est constitué de douze membres qui sont des mortels comme vous et moi. Seule leur connaissance les différencie, leur connaissance et leur extraordinaire vision et compréhension de l'avenir de ce monde. Le Haut Conseil sait le point ultime qu'atteindra ce monde dans son évolution. Il en connaît les étapes. Son rôle essentiel est de veiller à ce que chaque étape soit accomplie en temps voulu et presser ou retarder, selon le cas. Mais c'est le plus souvent à presser que doit s'attacher le Haut Conseil. L'humanité est libre d'atteindre le terme d'une étape selon ses propres voies, mais le nouveau point doit être atteint tel qu'il est établi et c'est à cela que le Haut Conseil doit veiller.

Le Haut Conseil, constitué de douze membres, est semblable à un gouvernement dans sa structure, à une direction collégiale plutôt, mais la hiérarchie y est stricte. Chacun est à sa place, lié, fondu aux autres et remplit sa mission comme il se doit. Le chef du Haut Conseil n'a pas de titre proprement dit. Naguère, les quelques informations qui ont pu filtrer au dehors l'ont fait considérer comme le roi du monde, mais jamais il n'a porté ce titre. Il en porte un autre de plus haute valeur. C'est, si vous voulez, le président du Haut Conseil. Le second dans le rang remplit une fonction similaire à celle d'un secrétaire général, au sein d'un gouvernement présidentiel. Les dix autres membres du Haut Conseil sont comparables à nos ministres. Chacun s'occupe d'une grande branche de l'activité humaine : économie, éducation, justice...

Les moyens du Haut Conseil.

A quoi pourrait servir un tel gouvernement sur un territoire aussi vaste que la planète s'il ne disposait des moyens adéquats ? Ces moyens que le monde peut considérer comme supra normaux sont utilisés afin de procurer aux hommes le cadre et le milieu des expériences et des connaissances qui sont la trame de leur progression individuelle et collective.

Le Haut Conseil, de par sa situation entre deux plans, le visible et l'invisible, utilise les possibilités offertes par la phase visible, mais il a aussi à sa disposition les pouvoirs que confère l'autre phase. Les pouvoirs ne se communiquent pas. Ils s'acquièrent par l'étude et le travail. Plus exactement, ils ne sont rien en eux-mêmes. Ils sont le résultat, l'une des conséquences de la connaissance et de l'expérience acquises.

Ceux qui composent actuellement le Haut Conseil ont subi une longue préparation et, dans cette vie, sont nés en avance sur les autres, du point de vue de l'évolution en général. Leur mission est en quelque sorte cosmiquement ordonnée et préparée. Lorsque l'appel du Haut Conseil leur parvient ils ont déjà, dans cette existence, atteint un degré de réalisation.

Ainsi, dans l'exercice des responsabilités qui sont les leurs, les membres du Haut Conseil peuvent, lorsqu'un état semble en retard par rapport à la progression générale attendue ou bien s'il est en avance, créer une discordance par les divers moyens dont ils disposent afin de rétablir l'équilibre. Cela a pour effet d'inciter les responsables locaux à s'ajuster à la nouvelle situation créée dans l'intérêt universel.

L'œuvre du Haut Conseil s'inscrit donc en dehors de la politique du monde, dans le sens du bien et dans un contexte universel. En tant que premier maillon visible de l'ensemble hiérarchique cosmique, le Haut Conseil est le maillon fondamental ayant mission de veiller au développement de l'humanité en tant que société organisée, au cours des différents cycles prévus de toute éternité. Ces cycles sont au nombre de douze et sont symbolisés par les constellations du zodiaque. A la fin d'un cycle, c'est le jugement collectif et individuel et le départ pour une nouvelle étape cyclique de douze.

Tous les membres du Haut Conseil sont en mesure de se rendre psychiquement en tel ou tel point s'il le faut, mais ce moyen n'est pas utilisé d'une manière systématique. La mission des membres nécessite l'usage du raisonnement et c'est pourquoi des réunions périodiques ont lieu. Toute décision et toute action de longue durée sont déterminées au cours des réunions. Le rôle du Haut Conseil demeure la conduite de l'humanité vers le but qui lui est assigné, non pas une conduite autoritaire, mais vigilante, respectueuse des libertés pour autant qu'elle n'entrave pas la marche en avant de cette planète.

Le Haut Conseil et les affaires humaines.

Le Haut Conseil n'intervient pas dans le processus incessant de désintégration et de reconstruction auquel l'humanité dans son ensemble est soumise. Il ne peut restreindre le libre arbitre humain ni empêcher que par le jeu du libre arbitre des catastrophes se produisent dont l'humanité est fautive. De bien des manières, assurément, le Haut Conseil suscite des avertissements aux hommes. Il suggère l'horreur de la guerre. Mais si malgré tout, ils sombrent dans le cataclysme, il ne peut faire qu'en sorte que les erreurs commises ne rejaillissent en aucune façon sur le rythme cyclique proprement dit. Il suscite des œuvres positives, des associations de secours, des mouvements charitables, mais l'humanité aura dû d'abord apprendre suffisamment la leçon qu'elle s'est imposée à elle-même. Le monde est un creuset d'expériences d'où sort l'évolution et cela est vrai sur le plan individuel comme sur le plan collectif.

L'humanité doit apprendre et progresser. Elle aura toujours des problèmes à surmonter pour y parvenir. Ils sont pour elle l'aiguillon nécessaire comme le sont, à un moindre degré les problèmes personnels pour l'évolution individuelle. Il y a dans tout l'univers et à tous les échelons, concordance parfaite. Le jour où l'individu comme l'humanité se conformeront aux lois universelles, tous les problèmes seront résolus et l'histoire de cette planète s'achèvera.

Les archives secrètes.

Le Haut Conseil a hérité de la sagesse de ses prédécesseurs et il possède de riches archives absolument complètes à tous égards. Ces archives sont bien gardées et le lieu où elles se trouvent est le même que par le passé. Aucun des événements qui concernent la terre entière ne pourrait amener leur destruction. Aucun régime ne saurait empêcher le Haut Conseil de les consulter sur place en cas de besoin. L'essor de la civilisation matérielle peut amener certains à penser qu'il n'y a plus rien à découvrir et que chaque pouce de la planète est connu. Quelle erreur ! Autant que par le passé et peut-être plus que par le passé, le monde est un monde de secrets et un monde de mystères. Le Haut Conseil dispose de la terre. Il dispose de l'intérieur de la terre, de sa surface et de l'atmosphère qui l'entoure. Pour employer des termes communs, le travail du Haut Conseil est préservé depuis l'origine sans aucune altération et les documents, ouvrages et biens à sa disposition dépassent l'entendement humain.

Le haut Conseil et le mal.

Ce serait une erreur de penser que l'action du Haut Conseil est une lutte contre les forces du mal. Le mal est une absence de bien. C'est un vide à combler. Ce sont les hommes qui, dans leur pensée, entretiennent le mal et ses tragiques conséquences ou manifestations d'homme à homme et de peuple à peuple. Une lutte impliquerait la réalité d'une chose inexistante en soi et il n'y a rien de tel dans l'action du Haut Conseil. Il favorise simplement la compréhension du bien et son instauration progressive, conséquence de cette compréhension. En d'autres termes, cette action est uniquement positive et elle l'est dans ce domaine aussi.

Le monde de demain.

Voici ce que disait, en 1967, le président du Haut Conseil, Maha, à Raymond Bernard :

- Le monde, dans le détail et les mouvements de sa progression, est ce qu'en font les hommes. Notre rôle consiste, vous le savez, à évaluer cette progression dans son ensemble par rapport au cycle en cours. Le monde a échappé à un terrible danger, celui de la confrontation de deux idéologies. Mais une autre idéologie est apparue et se développe sur un vaste territoire extrêmement peuplé. Elle risque de devenir un danger car il ne s'agirait plus alors de la confrontation possible de deux idéologies, mais du conflit entre deux races et même entre l'orient et l'occident, soit la moitié du globe contre l'autre. Le Haut Conseil ne reste pas indifférent devant une telle situation et son intervention est justifiée. Si nous parvenons au but, et nous y parvenons toujours par-delà les péripéties, le monde parviendra, de lui-même à un modus vivendi acceptable. La compétition se situera au niveau de l'économie. Elle offrira un champ considérable d'expériences qui contribueront au déroulement normal du cycle tout en offrant à l'individu les moyens de son évolution, ininterrompue, même si les circonstances sont nouvelles. Je ne prétends pas qu'on n'aura plus jamais recours aux armes. On ne peut empêcher les enfants de se battre, mais il s'agira surtout de velléités et non de guerres. Tel est du moins l'objectif poursuivi par le Haut Conseil pour éviter au monde de cruelles et inutiles expériences. Le monde, naturellement, garde sa liberté, il a son mot à dire, mais nous avons semé, dans la conscience humaine, même et surtout parmi les jeunes, une telle horreur de la guerre, une telle soif de paix et de confort, que la guerre devrait s'éloigner à jamais.

Les lois universelles.

L'erreur qui semble inhérente à la nature humaine et que commet collectivement l'humanité est de considérer que la vérité d'un continent doit primer sur celle de l'autre. Les conséquences de pareille erreur pourraient être dépassées par l'adhésion générale aux grands principes universels connus de tous et dont le principe est peut-être le respect de la pensée d'autrui.

Ce cycle nouveau que nous vivons est donc celui de la compétition sur le plan de l'économie mondiale. Compétition, car elle suggère mouvement et que le progrès est une fonction de ce mouvement. La compétition est un principe universel à condition que les règles fondées sur la justice et l'honnêteté soient respectées. Il faut, au nouveau cycle, un renversement de l'échelle des valeurs et cela implique avant tout une compréhension différente du bien social. Le rôle des gouvernements dans l'avenir consistera à extraire la synthèse d'aspirations apparemment divergentes, à conjuguer les diverses vérités en une vérité sociale qui recueillera l'adhésion du plus grand nombre.

Quelques remarques

Tout ce qui est écrit ci-dessus fut exprimé par l'un ou l'autre des membres du Haut Conseil ou par Maha lui-même, et rapporté par Raymond Bernard dans son ouvrage « Rencontres avec l'insolite ».

Les membres du Haut Conseil sont des êtres mortels, même s'ils sont en avance par rapport aux autres sur le chemin de l'élévation spirituelle. Le titre de Maha, qui signifie « Grand » en sanskrit, est suivi, pour chaque être qui assume cette responsabilité, par un nom secret. J'ai connu celui qui assuma la fonction de Maha durant une vingtaine d'années. Je lui suis redevable d'une aide précieuse et il fut, pour moi, plus qu'un père puisqu'il veilla à ce que je prenne le chemin qui est le mien aujourd'hui et que j'accomplisse ma tâche. Qu'il en soit remercié du plus profond de mon cœur !

Plus de quarante années sont passées. Le monde est aujourd'hui face à cette compétition économique annoncée et nous pouvons mesurer la réalité de ce qui nous fut transmis à l'époque. Nous recevons aussi depuis quelques années des messages qui nous annoncent que nous sommes au temps de la Parousie, ou Apocalypse, et que nous verrons s'établir le respect des lois universelles. Je développerai un peu plus loin ces informations et ce que nous devons réaliser si nous voulons participer à un choix d'expériences beaucoup plus attrayantes que celles que nous vivons aujourd'hui, dans cette dimension, au cœur d'une civilisation matérialiste et parfois inhumaine.

CHAPITRE 11
Un nouveau départ pour l'Afrique.

Je me retrouve sans activité professionnelle durant quelques mois et, devant les difficultés que représente la recherche d'un emploi, je décide, en accord avec mon épouse, de m'établir comme ingénieur conseil. Cela implique une grave décision : quitter la maison où nous habitons, en pleine campagne, pour nous installer dans une ville, plus propice à ce genre d'activité. Plus de laboratoire, plus de recherches alchimiques pour quelque temps !

Les visites de Jean se sont estompées car nous rencontrons maintenant des difficultés pour échanger et nous comprendre. Jean habite un petit appartement en ville et n'a pu se construire un laboratoire. Malgré mon insistance pour qu'il vienne œuvrer en ma compagnie, il a toujours été réticent, probablement par crainte de déranger. Ainsi, avec le temps, l'expérience pratique lui manquant, Jean n'arrive plus à comprendre ce que je lui explique des opérations alchimiques, telles que je les conçois. Maintenant que nous avons quitté la région, je le rencontre une fois par mois, lors de réunions mensuelles en région parisienne.

L'activité d'ingénieur conseil est plutôt décevante. J'ai toujours été un homme d'action prenant un immense plaisir dans la création, le développement et l'innovation. Devoir créer et construire au travers de personnes qui vous écoutent, vous approuvent et finissent par faire ce qu'elles ont décidé de faire, est frustrant. La plupart du temps, les gens vous demandent conseil pour que vous leur disiez ce qu'ils ont envie d'entendre. Si vous leur conseillez d'agir différemment, ils considèrent que vos conseils sont de peu de valeur.

Je ressens profondément que je ne suis pas fait pour ce métier et je dis un jour à mon épouse :

- Je ne sais pourquoi, mais j'ai l'impression que nous allons repartir pour l'Afrique.

- Tu sais, me répond-elle, j'ai maintenant une activité professionnelle et si tu veux partir, cette fois, je ne pourrai t'accompagner. Mais, bien sûr, tu es libre d'aller où tu désires.

- Je ne le souhaite pas vraiment, lui répondis-je, ce n'est qu'une intuition, comme celles que j'ai parfois. Je suis aussi étonné que toi.

Les mois passent.

Alors que je suis chez un libraire pour prendre mon journal, je décide d'acheter une revue spécialisée dans une technique que je connais bien. De retour à la maison je découvre, dans cette revue, plusieurs annonces pour des emplois de cadres et d'ingénieurs et remarque en particulier qu'une entreprise française, installée en Afrique, recherche un directeur général. Je décide de répondre à l'annonce et ce sera le seul emploi auquel je postulerai.

Convoqué plusieurs fois par le chasseur de têtes qui effectue le recrutement, après plusieurs tests et entretiens, je reçois une lettre m'informant que je suis sélectionné quatrième sur la cinquantaine de candidats qui se sont présentés. Malheureusement, le président ne souhaite rencontrer que les trois premières personnes sélectionnées. Bref, on m'explique que je ne suis pas retenu !

- Tu vois, me dit mon épouse, ton intuition, pour une fois, t'a fait défaut !

Le lendemain, un appel du recruteur m'informe du désistement de l'un des candidats et m'indique que je peux rencontrer le président à Paris. La rencontre a lieu et, dès le début de l'entretien, je comprends que le président, polytechnicien d'origine africaine, souhaite que le poste pour lequel je postule soit assuré dans l'avenir par un ingénieur africain. Je lui explique que je ne désire nullement faire carrière en Afrique et lui expose tout ce que je peux apporter à l'entreprise dans les domaines de la gestion, de la mise en place des moyens de contrôle budgétaire et surtout dans la formation de l'encadrement.

Je suis rentré à mon domicile depuis à peine deux heures lorsque le téléphone sonne. Au bout du fil, le responsable du cabinet de recrutement m'informe que le président retient ma candidature et serait très heureux que je lui confirme mon accord le plus rapidement possible.

Deux mois plus tard, je suis en Afrique...

Mais cette fois, je suis seul, sans mon épouse restée en France, prise par son activité professionnelle, ni mes filles devenues indépendantes. Je fais partie d'une association internationale dont certains membres vivent dans ce pays et, dès mon arrivée, je suis non seulement accueilli par un représentant de l'entreprise, mais aussi par des membres de l'association. Grâce à eux, je m'adapte rapidement à des conditions de vie bien différentes de celles que je connaissais en France. Je fais aussi la connaissance d'expatriés qui m'invitent à adhérer à une association qui organise des voyages de découverte dans ce vaste pays qui s'étend du nord au sud sur plus de 1500 km et offre une grande diversité de paysages et de peuplements.

Les membres de ce club sont tous des européens, mais rapidement, certains de mes amis africains y adhèrent et, grâce à eux, nous découvrons des endroits où nous ne serions jamais allés. Nous rencontrons des chefs de villages, des sorciers ou chamans qui détiennent une sagesse que ne manifestent pas toujours les tenants du pouvoir politique.

J'ai toujours pensé que le modèle de démocratie que nous avons transmis à nos anciennes colonies n'est pas la forme de gouvernement la mieux adaptée à la culture et aux traditions de ces pays. La sagesse y est bien souvent rejetée au profit d'intérêts personnels et ceux qui la détiennent sont rarement écoutés.

Dès ma prise de fonction, je constate que les méthodes de gestion de l'entreprise sont des plus archaïques. Aussi vais-je, peu à peu, introduire des méthodes modernes, un contrôle de gestion efficace et l'utilisation de l'informatique. Je suis secondé, pour cela, par le directeur technique, un ingénieur d'origine africaine particulièrement compétent. Très rapidement, je me rends compte qu'il dispose de toutes les qualités requises pour assurer dans l'avenir la fonction que j'occupe. Il lui manque simplement la connaissance des méthodes de gestion indispensables pour diriger efficacement une entreprise et prendre les décisions sur la base d'éléments concrets.

L'entreprise, composée de plusieurs unités de production, est supervisée par le président d'origine africaine que j'ai rencontré à Paris, mais tous les capitaux sont français, ainsi que la majorité des membres du conseil d'administration. Le président sait qu'il a besoin de mon avis afin que ces européens décident de confier, dans l'avenir, la direction générale de l'une des unités de production à un cadre africain. Que nous le voulions ou non, il existe toujours une certaine forme de racisme et le simple fait d'avoir une couleur de peau différente crée un handicap difficile à surmonter. J'ai dirigé, dans ma vie professionnelle, de nombreux cadres, mais je n'ai jamais rencontré un ingénieur faisant preuve d'une aussi grande volonté pour progresser. Ce n'est pas toujours l'attitude des cadres européens qui s'installent souvent dans la routine des postes qu'ils occupent.

J'ai quitté ce pays voici plus de dix années et cette entreprise est toujours dirigée par cet ingénieur qui est devenu mon ami. Il m'est reconnaissant de lui avoir permis de prendre et d'assumer des responsabilités pour lesquelles il avait les compétences... mais pas la couleur de la peau ! L'entreprise est devenue prospère ; elle a doublé son chiffre d'affaires et réalise toujours de très beaux bénéfices.

Quelques mois après mon arrivée en Afrique, mon épouse perd son emploi. Elle en est attristée, mais j'avoue que je suis heureux de l'événement. Cela me permet de l'accueillir pour des séjours de plusieurs semaines, trois ou quatre fois, chacune des deux années où je séjourne là-bas. Elle fait la connaissance de mes nombreux amis européens et africains et partage beaucoup de nos escapades. Nous resterons en relation avec plusieurs d'entre eux, liés par une grande amitié forgée au cours d'aventures africaines qui mériteraient d'être contées si elles n'étaient hors du sujet de cet ouvrage.

J'aime beaucoup cette période qui me rappelle mes expériences de jeunesse, avec plus de variétés encore, et beaucoup de richesse dans les rencontres humaines.

Depuis quelques années j'ai abandonné les recherches alchimiques. Je dispose de temps libre et me remets à la lecture des ouvrages emmenés dans mes bagages. Le désir de reprendre des travaux pratiques s'impose peu à peu. Ma villa est suffisamment grande pour que je puisse y aménager une pièce en laboratoire. Je trouve les matériels nécessaires sur place et profite de mon premier voyage en France pour rapporter les matières dont j'ai besoin.

Je suis reparti dans la quête du « Graal » !

Un jour, mon épouse me dit en aparté :

- Tu sais, Ibrahim est venu me trouver pour me demander ce que tu fais dans cette pièce, avec tous ces produits colorés et ces matériels étranges ? Je lui ai répondu qu'il pouvait te poser la question et que tu lui répondrais.

Ibrahim est notre cuisinier et se demande certainement quelle cuisine je peux faire. Mais il n'ose pas me poser la question. Pour lui, je dois être un grand sorcier blanc et mieux vaut certainement ne pas être trop curieux.

      Mon contrat de travail prend fin deux années après mon arrivée. Je pourrais demander son renouvellement, mais j'estime que ma succession peut être assurée par le directeur technique, maintenant parfaitement formé à la gestion. Bien que ce ne soit pas prévu au contrat, je reçois une prime conséquente pour les loyaux et importants services rendus. Par ailleurs, les placements financiers effectués avant mon départ ont fructifié. Il m'est possible de rentrer en France, sans aucune obligation et nécessité de retrouver une activité rémunératrice. A l'âge de 52 ans, je peux enfin me consacrer à plein temps à mes recherches et travaux personnels.

CHAPITRE 12
Le retour en France.

Dès mon retour, je construis un nouveau laboratoire, plus petit que le premier, en fait une petite cuisine où je vais pouvoir reprendre mes travaux. J'ai appris qu'il n'est pas nécessaire d'acheter des matériels de laboratoire coûteux et qu'il est tout à fait possible d'utiliser ceux que nous trouvons dans nos grands magasins. Je concède simplement au modernisme dans un domaine où notre technique nous permet d'abréger des opérations particulièrement longues et délicates. Mais, il est toujours possible d'utiliser les mêmes matériels que les anciens alchimistes.

J'ai un nouvel ami qui s'intéresse à l'alchimie. Avant mon départ pour l'Afrique, René, qui a épousé Marie quelques années auparavant, m'a avoué son intérêt pour la Sainte Science et déclaré qu'il venait de construire un laboratoire. Je lui ai donné quelques conseils et fourni quelques produits de base.

A mon retour, nous nous revoyons et échangeons sur nos travaux respectifs. A cette époque, René en sait autant que moi, même s'il n'a pas une aussi longue pratique du laboratoire. Disposant de tout mon temps et animé d'un profond désir de mener à bien mes travaux, je me remets au travail. Rapidement, grâce aux écrits des Frères aînés de la Rose Croix, je mets le doigt sur le sel, indispensable à la poursuite des opérations.

Oh non ! Je ne le trouverai pas tout de suite et testerai de nombreux produits avant d'acquérir la conviction que celui qui scelle l'union du roi et de la reine de l'œuvre est bien celui que j'obtiens, à l'aide d'une réaction particulièrement rapide. C'est aussi une caractéristique bien spécifique, décrite dans de nombreux ouvrages alchimiques, qui finit par me convaincre. Mais je dois avouer que cette découverte m'entraînera dans une troisième impasse de laquelle je ne sortirai qu'après de nombreuses années, avec l'aide de nos Amis du plan neutre...

CHAPITRE 13
Les Aigles d'Héliopolis.

Les premiers contacts.

Marie dispose de capacités couramment appelées capacités psychiques qui lui permettent de recevoir des messages et des informations d'êtres de notre plan ou d'autres plans. Dans un précédent ouvrage, je vous ai entretenus de quelques messages reçus par Marie, mais je n'ai jamais évoqué les messages de nature alchimique, ni la manière dont se sont noués les premiers contacts. Je laisse la parole à Marie qui va vous raconter, par le menu détail, le début de l'aventure et la manière dont elle fut contactée :

Le récit de Marie :

- C'est en mars 1996 que se produit le premier contact. Il n'est ni demandé ni recherché mais correspond tout de même à des axes de recherches personnelles. Un message s'imprime en une fraction de seconde dans ma conscience, au cours d'une méditation. Les images reçues mentalement sont d'une grande netteté et me permettent de noter de nombreux détails.

- J'appartiens au monastère de Délos.

- Le personnage qui apparaît sur mon écran mental a l'apparence d'un moine orthodoxe et, au-dessus de la traditionnelle barbe, le regard est à la fois bienveillant et pénétrant. En arrière-plan, je découvre une terrasse qui domine une mer d'un bleu intense qui n'a rien à envier au ciel dépourvu de nuages. Un franc soleil éclaire ce paysage. Un dôme, surmonté d'une croix, domine une colline où s'étagent des maisons typiques aux murs blanchis à la chaux.

- J'ai étudié au Mont Athos et le rite auquel j'appartiens se pratique également au monastère Sainte Catherine du Sinaï. Tu devrais t'intéresser à cette branche particulière de l'Orthodoxie !

Vient ensuite un discours, obscur pour moi, qui traite d'alchimie et que le personnage me demande de transmettre à mes amis concernés par le sujet. Les contacts se réitèrent sans que j'aie la moindre possibilité d'en contrôler la fréquence et bientôt, mes amis alchimistes et moi-même, prenons conscience qu'en fait, ils se produisent lorsqu'un travail est effectué au niveau de leurs laboratoires.

Assez rapidement, deux autres personnalités se présentent. D'abord, un personnage imberbe, à la vêture d'une époque différente, paraissant plus jeune que le moine, me parle d'une confrérie fondée en Palestine par St Jean à l'instigation du Maître Jésus, laquelle fut transférée en Grèce, après la passion du Christ. Cette école devint importante lorsque des sages venus d'Asie mineure lui apportèrent leur contribution. Le monastère de Délos émane de celle-ci et il y eut également un rapprochement avec une branche juive. Par la suite, ce sera ce personnage qui donnera les principaux messages de nature alchimique. Le troisième enfin, grand, mince, hiératique, dégage une aura de mystère. Vêtu d'une grande robe et coiffé d'une calotte, il n'intervient qu'une seule fois :

- Pratiquez régulièrement, soyez méritants, préparez-vous, préparez-vous, c'est le temps de la Parousie.

Par la suite, il se présente régulièrement mais de manière silencieuse. Aucune identité n'est évoquée par ces personnages. Ils ne se présentent jamais comme maîtres ou guides, mais comme amis. Si l'un d'entre eux parle de l'un de ses compagnons, il dit simplement :

- Notre ami a dit... ou : nos amis ont suggéré...

Un jour, je m'enhardis et les sollicite de me révéler leur identité. Avec un sourire, le moine grec me répond :

- Appelle-nous les aigles d'Héliopolis.

J'en suis contrariée au point de me révolter et le contact suivant me met en présence des trois entités réunies. J'entends alors :

- Puisqu'il semble si important pour toi de nous nommer, nous allons te confier les identités qui correspondent aux personnalités que tu perçois.

A ce moment, un gros ouvrage, « l'encyclopédie des mystiques » qui me sert pour mes travaux, tombe une première fois. Le livre s'est ouvert et mon regard est attiré par un chapitre consacré à Nicodème, dit l'Hagiorite. Immédiatement le visage du moine grec s'imprime à ma conscience. Il incline la tête en signe d'assentiment. Je referme le livre et le pose sur la table, mais mon geste est maladroit. Il retombe au sol et, une nouvelle fois, s'ouvre au chapitre consacré à Siméon, dit le nouveau théologien. Siméon ? Mon interrogation mentale reçoit pour réponse le sourire du personnage imberbe. Ayant compris leur manière de transmettre je laisse à nouveau tomber le livre. Il s'ouvre alors au chapitre de Zacharias Werner, le Rose Croix. Et je comprends alors que l'aura très particulière que j'ai perçue peut-être celle d'un Père Rosenkreutz.

L'appellation « Aigles d'Héliopolis » ne veut rien dire pour Marie, pourtant elle a une haute signification en relation avec la confrérie secrète des Frères Chevaliers d'Héliopolis que nous connaissons au travers des écrits de Fulcanelli et de son élève Canseliet.

Jusqu'au jour où Siméon, Zacharie et Nicodème nous proposent une expérience particulière relatée dans un autre ouvrage, René et moi recevons, par l'intermédiaire de Marie, des messages de nature alchimique qui nous permettent de progresser ensemble dans notre quête commune.

Voici le premier message transmis par Nicodème :

- Il est nécessaire de laver les 7 plaies du Christ, cristaux ou épines. Crucifiez la matière après la mise au tombeau. Desséchez-la et quand les cristaux se formeront, le vase étant ouvert, vous assécherez la matière à chaleur douce et constante. Le niveau baisse de moitié et la matière devient émaciée. Enlevez du feu, puis refroidissez, vase ouvert. Lavez ensuite la matière avec une huile. Décantez et mettez au four, vase fermé.

Ce premier message correspond probablement à ce que beaucoup de textes appellent les bains de

Naaman. En effet, après la coction, la tête du corbeau ayant été coupée, la matière se présente sous la forme de cristallisations si fines qu'elles ressemblent parfois à des épines. Cette matière doit être lavée plusieurs fois, blanchie comme disent beaucoup de textes, avec une eau qui ne mouille pas les mains.

Zacharie nous transmet le second message dont je vous livre la teneur :

- Lorsque le cygne bat des ailes au-dessus des eaux, la matière est prête. L'œuf du cygne doit éclore. Le cygne devient alors le phœnix, par trois fois. L'alchimiste peut couver l'œuf en vain. Seul, le Magister le fait éclore.

Ce message nous rappelle la nécessité des trois cycles déjà évoqués et nous précise l'un des points les plus délicats de la science alchimique. En effet, l'œuf du cygne doit éclore et se transformer en phœnix. Mais, en ce lieu, se cache l'un des plus grands secrets, sans lequel, il est vain d'espérer atteindre le but. Comme le dit Zacharie, il faut être un Magister, un Maître en cet art pour faire éclore l'œuf du cygne en phœnix.

A l'époque de ce message, ni René, ni moi-même ne connaissions la technique requise que je découvrirai quelques années plus tard. Sans doute Zacharie voulait-il attirer notre attention sur ce point délicat.

Le troisième message, long et détaillé, nous le recevons de Siméon. Ainsi, chacun des Aigles d'Héliopolis s'est-il exprimé sur l'un ou l'autre des points fondamentaux de la quête alchimique, avant de nous proposer cette aventure que je rappellerai plus loin. Ce message est enregistré sur magnétophone par Marie, en présence de René son mari qui a l'opportunité d'intervenir au cours des explications données par Siméon. C'est grâce à cet enregistrement que je peux prendre connaissance de cet important message, probablement le plus complet de tous ceux que nous avons reçus :

- On ne tient pas assez compte dans les écrits anciens des échanges d'énergie. Au-delà d'une manipulation moléculaire il y a une part d'échanges d'énergie totalement invisibles, mais fondamentaux dans le processus de transformation. Dans l'ancien temps, ils n'avaient pas les mêmes concepts sur les échanges d'énergie. C'est difficile à percevoir dans les textes anciens, mais c'est fondamental.

Dans l'instant précis qui semble être désigné par la neuvième planche du Mutus Liber, il se produit entre l'aliment représenté par la manne et la matière qui se trouve en dessous, un processus d'incorporation par la matière de l'aliment, mais qui, en réalité, cache un échange très rapide sur le plan de l'énergie pure.

Cet aliment a souvent été négligé par les opérateurs qui l'obtiennent très facilement, quasiment au début de leurs manipulations ou de leurs recherches. Souvent cet état de la matière a été négligé ou rejeté par les opérateurs qui pensaient pouvoir poursuivre la manipulation jusqu'à l'obtention d'une matière finale, ce qui n'arrive jamais avec cette forme de la matière qui n'est qu'un aliment, ne doit être considérée que comme un aliment et pas comme autre chose. Ce n'est pas un état de la matière qui peut être poussé plus loin que sous cette forme blanche, poudreuse, très sèche, comme un talc.

Question de René :

- L'émeraude se présente sous plusieurs formes, une forme cristallisée et une sorte d'hostie blanche. Est-ce cela ?

Réponse de Siméon :

- Il y a deux états principaux dans la matière, un état liquide, un sang liquide ou aqueux et un état solide, soit cristallisé, soit poudreux. Tout le jeu consiste à mettre régulièrement en contact les deux formes de la matière, la forme solide et la forme liquide, mais à certains moments, dans la forme solide, il y a ces deux états distincts, un état de cristallisation et un état poudreux. Dans l'état poudreux, il est classifié comme l'aliment. Il y a donc une alternance de remise en contact de la matière solide avec la matière sous forme liquide, mais, nuance importante, tantôt les cristaux, tantôt la poudre. Cela ne figure dans aucun texte, parce que volontairement les auteurs qui savaient ont jeté la confusion dans les deux états solides. On pourrait parler de trois formes de la matière, liquide, cristal et poudreux. C'est important. La forme poudreuse ne peut aller au-delà de cet état. C'est l'aliment. Par contre tout le jeu de modification se fait entre le liquide et le cristal, grâce à un agent intermédiaire d'alimentation qui est le poudreux.

Question de René :

- Le poudreux est-il le sel ?

Réponse de Siméon :

- Dans la mesure où il est un agent de liaison, oui, S.C.E.L. ! Il fixe dans la matière de base l'énergie que l'on intègre par séquences différentes. L'énergie pourrait être incluse d'un coup, en une seule fois, ce serait une opération rapide. Cette forme de mode opératoire existe, mais il est extrêmement rare et extrêmement dangereux. Donc, on n'encourage pas l'opérateur à le pratiquer, car il faut une maîtrise exceptionnelle du processus. Il a été utilisé à certains moments de l'histoire par rapport à des besoins urgents, précis, mais toujours par des opérateurs qui avaient déjà réalisé l'autre forme plus lente. Il est plus prudent de suivre le processus le plus long. Il y a une voie rapide, mais il faut une grande maîtrise et une voie plus usitée, plus longue, mais aussi plus sûre et plus sécurisante pour l'opérateur et moins dangereuse, car il s'agit d'échanges d'énergie extrêmement puissants.

Dans la voie la plus lente, l'énergie est apportée par fragments, par doses. La modification moléculaire, la transformation de la matière se fait dans un temps long, très long... On peut dire qu'à chaque fois que la matière est nourrie, elle est fixée dans son état vibratoire supérieur. A chaque fois que la matière est dite affamée, elle est purifiée. On procède à une nouvelle modification moléculaire qui va préparer le nouvel état, l'état futur. Donc, on nourrit, on laisse digérer, on affame à nouveau et étant affamée, la matière se purifie et commence à s'ordonnancer différemment, à se préparer à la nouvelle phase de nourriture.

Cette opération se fait à trois niveaux différents, beaucoup plus longtemps qu'on ne l'imagine. Il existe trois états de la matière avant la phase terminale et il est nécessaire de réaliser trois fois une même série d'opérations avant l'obtention d'une matière finie. La matière est nourrie un certain nombre de fois lors de chacun des trois cycles, mais on ne l'assèche pas de la même manière à chaque cycle. Au fur et à mesure de la transformation, les opérations sont plus violentes, les feux sont plus forts parce que la matière se durcit.

Question de René :

- Doit-on fabriquer la manne ?

Réponse de Siméon :

- C'est au cours du premier œuvre que l'on extrait la manne qui sert à la suite des opérations.

Le message de Siméon est suffisamment explicite pour que je n'ajoute aucun commentaire vis à vis du cycle opératoire. Par contre, j'indiquerai que ce message eut, plus tard, une influence déterminante sur la manière d'introduire l'énergie au cœur de la matière. C'est grâce à cette énergie que le cygne se transforme en phœnix. Siméon insiste aussi sur la nécessité d'emprunter la voie humide, plus longue et de n'entreprendre la voie brève qu'après une parfaite maîtrise de l'autre voie. Aujourd'hui, j'utilise toujours la voie humide. Je ne voudrais pas connaître la même mésaventure qui advînt à Canseliet, lors d'une pratique de la voie brève. Voici ce qu'il raconte dans « L'Alchimie expliquée sur ses textes classiques » :

– Depuis ce temps, au cours de plus de vingt années, à cause de la température contraire, nous n'avons essayé que quatre fois la réalisation de la phase ultime, sans la réussir, mais aussi, grâce à Dieu, sans provoquer la rupture de l'œuf. Celle-ci, il faut bien en convenir, est, en réalité, une explosion violente certes et apparemment sans danger, mais dont nous ne pouvons prévoir exactement les conséquences et qu'en définitive, nous ne tenons pas à renouveler.

Le brusque arrêt de la coction du troisième œuvre par l'ouverture accidentelle du vaisseau philosophal, libère une inimaginable accumulation d'énergie cosmique dont l'action catalytique peut se faire sentir d'insoupçonnée manière, sans qu'aucune limite ne l'arrête dans l'espace. Nous eûmes à constater le phénomène, à la fois inattendu et grandiose, en 1938, quand une élaboration malheureuse nous livra pourtant le grand mystère de la gamme chromatique.

Avant de poursuivre le récit des contacts avec nos amis du plan neutre, j'aborderai des sujets d'une extrême importance. Je parlerai de l'homme, de sa relation avec l'univers, de sa longévité perdue au fil des millénaires. Je parlerai aussi de l'un des plus beaux et des plus évocateurs symboles alchimiques, le Graal et terminerai en évoquant la voie qu'emprunte les alchimistes et que chacun peut emprunter sans pour autant pratiquer l'alchimie. Cette voie est la voie du cœur qui constitue, en ces temps exceptionnels, un formidable tremplin vers les dimensions supérieures. J'aborderai aussi l'un des sujets que les trois Maîtres, Chevaliers d'Héliopolis, nous ont demandé d'étudier :

l'Antimatière. Ce que nous avons découvert est purement stupéfiant !

CHAPITRE 14
L'homme et l'univers.

Préambule

Qui sommes-nous ? D'où venons-nous ? Sommes-nous seuls dans ce vaste univers ? Comment a-t-il été créé ? Voici de légitimes questions que nous sommes en droit de nous poser !

Dans l'ouvrage « Sciences Secrètes », j'ai abordé l'un des aspects de la structure de l'univers et des véhicules utilisés pour expérimenter sur cette planète.

L'un de nos Amis du plan neutre nous assura que l'alchimie constituait l'une des clés majeures pour la compréhension des lois de l'univers. La matière universelle, nous dit-il, ainsi que la matière dans le creuset de l'expérimentateur sont de la même nature. En observant l'une, il vous est possible de comprendre l'autre. Ainsi mes conceptions se sont-elles modifiées au fur et à mesure de mes travaux. Mais elles se sont aussi enrichies grâce aux informations transmises à Régine Françoise Fauze par Soria dont j'ai lu les livres avec beaucoup d'intérêt.

Cette conception des lois de l'univers et de ce que je suis m'a apporté un réconfort et un espoir que je me propose de partager avec vous.

- Qui suis-je ?

Voici probablement la plus difficile, mais aussi la plus fondamentale question qu'il est possible de se poser.

Afin d'exposer ma conception, je différencierai l'esprit que je suis, de toute éternité, du corps qui constitue le véhicule que j'emprunte pour l'exploration de l'espace-temps où je m'incarne. Dans ma réalité, je suis, comme chacun d'entre nous sans distinction, une étincelle de vie, parcelle de la divinité ayant une filiation qui remonte, d'une manière ou d'une autre, au grand constructeur ou soleil central. J'existe ainsi de toute éternité, mais fus un jour individualisé à partir d'un être, ayant acquis sa propre conscience. J'ai donc, comme chacun d'entre nous, un Père/Mère auquel, selon Soria, je suis relié par l'intermédiaire d'une corde d'or. Cette parcelle de la divinité se trouve au centre de mon cœur.

L'exploration de notre espace-temps nécessite l'utilisation d'un véhicule approprié. C'est la raison pour laquelle j'ai embarqué dans un corps au moment de la naissance. J'ai expliqué dans un précédent ouvrage que ce véhicule comprenait non seulement un corps physique, mais aussi un corps psychique composé de sept enveloppes emboîtées les unes dans les autres et d'un corps éthérique assurant l'étanchéité entre ces deux ensembles. En l'état actuel des choses, nous ne pouvons utiliser les pleines capacités de notre corps. Pour quelles raisons ce véhicule fonctionne-t-il si mal, vieillit-il prématurément et souffre-t-il de fréquentes avaries ? Pour répondre à cette question, nous allons voir dans quelles circonstances il fut créé, puis évolua au cours du temps.

La création de notre véhicule.

Il fut créé pour la réalisation d'une expérience unique dans tous les univers. Un groupe de créateurs souhaitait connaître les attitudes et les réactions d'étincelles de vie qui oublieraient leurs origines et disposeraient du libre arbitre, pouvant même transgresser les lois universelles.

Un véhicule fut créé pour cette expérience par un groupe de concepteurs qui figurent parmi nos frères des étoiles. La grille magnétique nécessaire à l'expérience fut mise en place autour de notre planète par le groupe Kryeon. Elle assure les voiles de l'oubli relatif aux souvenirs de notre réalité et de nos expériences passées. Cette expérience fut proposée à des étincelles de vie ayant un long parcours au sein des univers. Elles furent libres d'accepter ou de refuser. Soria qualifie celles qui acceptèrent, nous en faisons partie, de kamikazes et je crois qu'il fallait l'être pour s'aventurer dans une si hasardeuse expérimentation. Personne, des concepteurs et participants, n'était en mesure de prévoir les conséquences qu'entraînerait le libre arbitre doublé de l'oubli des origines.

Il faut croire qu'elles furent dramatiques pour les expérimentateurs que nous sommes, puisque ce véhicule, conçu à l'origine pour durer plusieurs siècles et voyager dans différentes dimensions de la création, se dégrada progressivement au fur et à mesure de l'usage abusif que nous faisions du libre arbitre. Au point qu'aujourd'hui, il fonctionne seulement dans la troisième dimension, avec une durée de vie restreinte, incroyablement courte par rapport aux possibilités initiales.

Cette vie écourtée nécessita la création d'un espace de vie entre deux incarnations et de règles d'évolution particulières appelées lois du karma qui, selon Soria, n'existent dans aucun autre univers. De plus, la descente dans la troisième dimension endommagea sérieusement les circuits de communication entre l'étincelle de vie et les différents corps constituant son véhicule. Elle n'eut d'autre ressource que d'extérioriser une partie d'elle-même au sein de chacune des cellules le constituant. Ainsi fut créée l'âme qui régit les fonctions essentielles pour la marche des différents corps et devînt l'intermédiaire entre le corps et l'esprit, autre appellation de l'étincelle de vie. Cette âme, création spécifique à notre planète, totalement inexpérimentée au moment de sa création, eut besoin de nombreuses incarnations afin d'acquérir l'expérience nécessaire à la conduite des corps et reconnaître ce qu'elle est : une parcelle de l'étincelle de vie dont la naissance, ou plutôt l'individualisation, remonte à des éons.

J'ai l'impression d'être une âme incarnée dans un corps physique ayant l'expérience d'une seule vie. Mais j'ai appris que je suis beaucoup plus ; je suis les multiples visages pris par mon âme au cours de ses incarnations et, au-delà, je suis cette étincelle de vie, au centre de mon cœur, riche des expériences multiples au sein des univers avant sa participation à cette aventure si particulière sur cette planète. Il est important pour moi, de retrouver l'ensemble de ces mémoires perdues. C'est la raison pour laquelle j'ai entrepris cette recherche dans la voie alchimique qui est l'une des voies vers l'ascension. Mais, comme je l'ai déjà exprimé, les chemins sont multiples. Douze voies ont été reconnues par les êtres réalisés nommés Rose Croix et il est probable que d'autres voies de réalisation aient été découvertes par d'autres.

L'ascension

Recouvrer la mémoire de ce que l'on est, fusionner avec l'être intérieur, cette étincelle de vie lovée au cœur de notre cœur, voilà le véritable but de l'ascension. Lors de la phase ultime, lorsque notre Père/Mère créateur reconnaît notre volonté de nous aligner sur les lois universelles et que nous exprimons le respect et l'amour envers toute forme de vie, il transmet l'énergie nécessaire à l'étincelle de vie qui se développe comme le ferait un embryon donnant naissance à un enfant. C'est ainsi que s'opère la fusion du corps, de l'âme et de l'esprit. L'être qui naît de cette fusion est reconnu comme être ascensionné. Il entre alors en contact avec son Père/Mère créateur, devient autonome, puis poursuit ses expériences le conduisant à devenir lui-même un Père/Mère créateur. Il assumera dans l'avenir la responsabilité du développement de nouvelles consciences au sein des univers. Mais avant d'atteindre cette phase de la fusion du corps, de l'âme et de l'esprit, le cheminement est long.

Quelques points de repères permettent cependant d'évaluer le chemin parcouru :

Une première étape est atteinte lorsque, conscients de nos responsabilités, nous comprenons que nous jouons un Jeu et que les autres, en fait, nous aident à progresser.

Nous parcourons une autre grande et importante étape, lorsque nous accordons aux autres le droit de penser et d'agir différemment de nous, et essayons d'être pour eux le meilleur des exemples.

Nous franchissons un autre pas vers le sommet, lorsque nous comprenons qu'il est possible de s'affranchir de nos erreurs passées et demandons avec sincérité, du fond de notre cœur, la suppression des dettes accumulées.

Nous obtenons une aide précieuse pour surmonter bien des obstacles lorsque nous découvrons que nous ne sommes pas seuls et que des guides sont là pour nous aider.

Le sommet est proche quand nous réussissons à maîtriser le processus de la pensée, que nous utilisons nos créations mentales pour développer la tolérance, l'amour et le respect envers chaque forme de vie, en commençant par le respect et l'amour de soi-même.

Quand enfin nous libérons cette pensée de tout combat, qu'il soit pour l'ombre ou la lumière et acceptons que notre Moi supérieur reprenne les rênes et vive en harmonie avec notre moi inférieur ayant « son rôle et ses droits », mais non pas « tous les droits », alors le processus de la nouvelle naissance peut commencer...

La création.

Même s'il n'en a pas conscience, chaque être créé, au sein des univers, transmet à l'Être Suprême des informations qui lui permettent de progresser dans sa conscience. Le Grand Créateur peut ainsi étendre toujours plus loin le champ des expériences offertes aux expressions de vie qu'il engendre.

A l'origine le Grand Architecte créa des cercles d'enseignement où les étincelles de vie, nées de la source, purent s'initier à la connaissance théorique de la création. La sortie de ces cercles constitue leur point de départ pour l'expérience pratique au sein des univers finis.

La création, dans sa forme actuelle, comprend sept supers univers expérimentant chacun l'une des qualités du grand constructeur. Notre système solaire se situe à la périphérie de l'un de ces supers univers et fait partie d'un univers local qui, lui-même, appartient à un univers plus éloigné, etc. Notre soleil fait ainsi partie d'une chaîne solaire qui remonte jusqu'au soleil central, cœur de notre super univers. Chaque soleil dans cette chaîne, est un fils, un Père/Mère, issu de la source. Notre soleil engendra, en tant que Père/Mère, de nombreuses étincelles de vie qui constituent notre humanité.

Soria explique que chaque humanité est constituée d'étincelles de vie issues de la source, ayant une connaissance théorique de la création des univers, constituant le mouvement descendant et, plus nombreuses, des étincelles de vie issues de notre soleil, vierges de tout enseignement, constituant le mouvement ascendant. Ainsi le Grand Constructeur peut-il confronter les informations recueillies au sein d'une même expérience, par des êtres ayant une connaissance théorique et des êtres qui ne sont nullement influencés par celle-ci. Chaque être est néanmoins tenu d'effectuer le parcours complet de la descente et de la remontée dans un sens et dans l'autre.

Extension de la création.

La création continue de s'agrandir. Le Grand Constructeur, au fur et à mesure du développement de la conscience qu'il acquiert de lui-même, imagine de nouvelles extensions. Ainsi cinq nouveaux supers univers sont-ils en gestation et constituent les champs vierges, lieux futurs d'expérimentation pour de nouvelles étincelles de vie. Les sept supers univers actuels s'harmoniseront dans le respect des lois universelles et ne seront plus le champ d'expériences nouvelles.

Notre planète, amenée à devenir l'une des portes donnant accès à deux nouveaux supers univers, subira de profonds changements auxquels nous participerons.

La Hiérarchie dans l'univers.

Je n'ai jamais pu concevoir un Dieu anthropomorphique qui s'occuperait de chaque être humain et je n'ai jamais pensé que nous étions seuls dans ce vaste univers. Comment un seul et unique Dieu pourrait-il s'occuper d'un nombre incommensurable d'êtres ?

Cette vision nouvelle que nous transmet Soria me semble tellement plus logique !

Elle explique que, dans sa grande sagesse, le Grand Constructeur créa des êtres qui ne s'incarnent jamais, mais surveillent et aident au développement harmonieux de la création et des lieux d'expérimentation. C'est ainsi que furent créés des êtres appartenant à quatre forces principales :

Le groupe Soria appartient à l'une de ces forces et assume la responsabilité de l'information au sein des univers.

Le groupe Kryeon assure la responsabilité des grilles magnétiques capables d'assurer le champ des expériences prévues pour une planète.

Le groupe du Maître cristal assure la sauvegarde de l'information relative aux expériences vécues au sein des univers. Il accumule et tient à disposition de ceux qui sont en mesure d'y accéder, les données relatives à celles-ci.

Le groupe des veilleurs silencieux surveille le déroulement des expériences et rapporte l'information à ceux qui en assument la responsabilité.

Au cœur de la hiérarchie céleste se trouvent les Sages responsables de chacun des sept supers univers. Ils développent la conscience de chacune des qualités expérimentées au sein de chacun d'eux et représentent collectivement ce que nous pouvons concevoir de Dieu.

Dans la filiation solaire, chaque soleil créé est un être divin à part entière, fils du soleil central et père des soleils que lui-même a enfantés. Ainsi avons-nous une hiérarchie céleste qui remonte jusqu'au soleil central. L'être solaire le plus proche de nous est notre soleil, Père/mère créateur de la majeure partie des étincelles de vie qui expérimentent sur notre planète, mais aussi au sein des différentes planètes de notre système solaire. Ce Père/Mère solaire se nomme Hélios et Vesta.

Notre planète elle-même est un être vivant, fille d'Hélios et de Vesta, et porte le nom d'Urantia-Gaia.

Le Haut Conseil dirige et contrôle le programme d'expérimentation conçu par les Sages, pour la troisième dimension de la surface extérieure de notre planète. Mais au sommet de la hiérarchie de toutes les dimensions, internes et externes de la terre, se trouve le prince planétaire. Cette responsabilité de la conduite du vaisseau stellaire qu'est notre planète est assurée par celui qui, il y a 2000 ans, fut le Christ et que l'on nomme Sananda. Il est assisté dans sa fonction par un conseil de 12 sages.

Ainsi voyons-nous que ce monde en apparence si désordonné, est en réalité parfaitement structuré et hiérarchisé. Chacun est à sa place, selon son expérience, et assume les responsabilités qui sont les siennes afin de conduire notre planète vers une destinée maintenant lumineuse...

Le destin de notre planète.

Au sein de notre super univers, seul avait été expérimenté l'amour christique, né et développé dans le souvenir des origines. Notre planète devînt un champ d'expérience unique au sein de tous les univers. Comme je l'ai précédemment indiqué, le libre arbitre, doublé de l'oubli des origines, y fut expérimenté pour la première fois. Cette expérience permit la manifestation d'une nouvelle forme d'amour très particulière née dans les plus extrêmes conditions, qualifiée d'amour solaire. Cette expérience faillit échouer, mais au siècle dernier un nombre important d'êtres s'élevèrent et réclamèrent la restauration des lois divines, la fin du libre arbitre et la levée de l'isolement de notre planète.

En cette fin de l'ère des poissons et en ce début de l'ère du verseau, certains parlent de la fin du monde, d'autres de l'instauration d'un nouvel âge d'or. Mais personne, en réalité, n'est en mesure d'effectuer une prévision correcte, car le devenir de l'expérience dépend du comportement des humains et de la décision de la hiérarchie céleste.

Aujourd'hui, nous avons collectivement pris position et le Grand Architecte a exprimé sa décision : notre planète sera couronnée et deviendra une porte en direction de deux supers univers en cours de construction. Ainsi la surface extérieure de notre planète abritera-t-elle de vastes écoles qui accueilleront les étincelles de vie du mouvement descendant.

Ces étincelles reçoivent, avant leur descente dans les mondes finis, un enseignement théorique de la création. Dorénavant, elles recevront en plus un enseignement pratique dispensé par des Maîtres ayant une expérience de la vie dans les univers. Nous serons ces professeurs, selon notre désir et notre volonté. Nous demeurerons toujours libres de choisir notre devenir, personne ne nous obligera d'assumer des responsabilités que nous n'accepterions pas. Mais une grande opportunité s'offre à nous et il serait dommage que nous ne profitions des possibilités offertes, lesquelles ne se représenteront peut-être pas avant des éons.

Le devenir de chacun

Certains, en me lisant, penseront probablement que cela ne les concerne pas et qu'il s'écoulera de nombreux siècles avant que notre planète ne devienne cette école pour les étincelles de vie en partance vers les nouveaux mondes et pour certains de nos frères et sœurs des étoiles. Sans doute ont-ils raison. Mais nous devrions vivre, dans les prochaines décennies, les phases préliminaires de ce vaste plan. Aussi est-il intéressant de les connaître car beaucoup parmi nous y participeront.

Un membre du Haut Conseil évoquait déjà le jugement que subissaient les humains à la fin de chacune des grandes ères. Mais ce sont les paroles de Zacharie qui m'ont le plus marqué, lorsque, s'exprimant pour la première fois auprès de Marie, il lui dit :

– Préparez-vous, préparez-vous, c'est le temps de la Parousie.

Ce terme de Parousie est utilisé dans les évangiles pour exprimer le temps du jugement dernier. Il est vrai que je n'aime guère ce terme car il évoque la possibilité que nous subissions une sentence de la part d'un tribunal cosmique. Or, je crois profondément que nous sommes nos propres juges et je préfère le terme de : temps du choix.

Nous pouvons choisir de respecter les lois universelles et de retrouver les dimensions supérieures. Nous demeurerons alors sur cette planète. Mais nous pouvons aussi choisir de poursuivre le Jeu de l'ombre et de la lumière. Dans ce cas, nous continuerons l'expérience de la troisième dimension sur une autre planète. La nôtre, en effet, n'accueillera plus d'humanité dans cette dimension.

Oh, il n'y a pas à craindre de catastrophe planétaire. Les événements se dérouleront comme ils se sont toujours déroulés. Les êtres qui opteront de poursuivre le Jeu, iront tout simplement sur d'autres planètes lors de leur prochaine incarnation. Seuls les êtres ancrés dans la force de l'amour et le respect des lois de l'univers continueront de s'incarner sur notre planète qui s'orientera progressivement vers sa transformation et offrira un visage nouveau pour accueillir une civilisation plus humaine et plus fraternelle.

En ces temps de changements, deux grandes aventures attendent l'humanité dans un avenir proche :

La première de ces aventures est le passage dans les dimensions supérieures. Sous l'impact des forces cosmiques et des modifications de la grille magnétique terrestre, la fréquence vibratoire de notre plan s'élève. Les changements apparents sont peut-être infimes chaque jour, mais tout à fait réels. Ils s'inscrivent dans la durée. Progressivement, une partie de l'humanité s'adaptera à la fréquence de la quatrième dimension, puis assez rapidement à celle de la cinquième. Ces changements vibratoires entraîneront des modifications dans nos corps, dans le climat et bien entendu dans toute forme de vie, qu'elle soit animale, végétale ou minérale. Même si aujourd'hui les 3ème et 4ème dimension s'interpénètrent, rares sont les humains capables d'en percevoir les deux fréquences. Pour cela, nous devrons adapter nos sens. La voie du cœur est là pour nous conduire à la transformation désirée. Mais encore faut-il le vouloir et mettre en application cette voie dans nos actes de chaque jour.

La deuxième aventure, peut-être la plus extraordinaire de celles que nous vivrons, sera l'ouverture des portes de l'espace et de l'intramonde à une date pour l'instant indéterminée, mais qui ne devrait plus être loin. Nous pensons être les seuls dans l'univers.

Nous serons surpris par le fourmillement de la vie et les formes variées des corps qui l'abritent.

Les aides attendues.

Le couronnement d'une planète et le passage d'une humanité dans les dimensions supérieures est un événement suffisamment exceptionnel pour que beaucoup d'êtres et de sages des univers y participent et aident tout au long du passage.

La première aide, nous l'avons reçue du groupe Kryeon qui termina, voici quelques années la modification de la grille magnétique terrestre, permettant les changements vibratoires annoncés et la levée d'une partie du voile qui nous empêche de connaître la réalité de nos origines.

La seconde aide, la plus fondamentale, compte tenu de l'orientation future de notre planète, est réalisée par le groupe Soria, dirigée par Ichnalia, l'une des huit filles primordiales issues du Grand Constructeur. Ce groupe construit sur le territoire français de la cinquième dimension, une rotonde d'information qui sera la première école interplanétaire d'Urantia-Gaia et le point de départ d'autres écoles installées ultérieurement sur toute la surface extérieure de notre planète. Nous devrions découvrir cette rotonde lorsque nous atteindrons la fréquence de la cinquième dimension.

Si vous souhaitez plus d'informations, je vous conseille vivement la lecture des ouvrages de Soria, édités par les éditions Ariane.

Des aides, plus personnelles, peuvent être accordées. Beaucoup de nos guides ont été remplacés par d'autres, plus expérimentés dans le passage des dimensions. Ils sont prêts à nous aider, si nous exprimons clairement notre désir de les franchir et de nous élever vers une civilisation plus fraternelle et solidaire. N'oublions pas que le libre arbitre s'appliquera jusqu'à ce passage et que rien ne s'opposera à notre volonté, même si celle-ci consiste à vouloir vivre dans une dimension comparable à celle que nous connaissons. Alors, exprimons et verbalisons clairement nos intentions. Ne craignons pas de nous adresser à nos guides qui sont là pour nous aider. Certains sont des frères intraterrestres qui ont vécu, avant nous, ce passage dans les dimensions supérieures.

Si vous souhaitez connaître ces frères intraterrestres, je vous invite à lire les livres intitulés « Télos » transmis par Adama à Aurélia Louise Jones que j'ai eu le plaisir de rencontrer lors d'un voyage qui me conduisit à Mont Shasta... Adama est grand prêtre de Télos, l'une des villes souterraines du réseau de l'A......, anciennement l'Agartha !

Ce que je viens d'exprimer demeure la conception et la compréhension que j'ai acquises par mes travaux et expériences personnels, la lecture de ces ouvrages et d'autres encore... Chacun doit forger sa propre vérité par son travail, sa réflexion et ce que lui enseigne son être intérieur. Nul ne peut prétendre détenir l'exacte vérité. Ce que j'exprime vous permettra peut-être de ressentir tout simplement, au fond de votre cœur, si ce qui est dit est proche ou non de votre vérité.

CHAPITRE 15
L'Antimatière

Parce qu'elle permet de comprendre des phénomènes astronomiques, comme les trous noirs, la structure des étoiles, mais aussi ce que nous sommes dans notre nature profonde, l'antimatière est l'un des plus importants sujets de la physique et de la métaphysique.

Soria, à la page 274 du tome 12 intitulé : « Messages d'âmes », révèle que notre âme est composée d'antimatière dans cette affirmation :

« L'antimatière veut communiquer avec la matière et vice-versa. Votre âme veut donc communiquer avec votre corps ».

Déjà, dans les années 90, Raymond Bernard, ancien Grand Maître pour les pays de langue française de l'ancien et mystique Ordre de la Rose Croix, nous avait suggéré de réfléchir aux combustions instantanées de corps humains, sous l'angle de l'antimatière. Il nous avait permis de participer à des conférences sur ce sujet à la Sorbonne, conférences données par des physiciens spécialistes dans ce domaine. Nous avions aussi visité le CERN et discuté d'expériences réalisées à l'époque sur l'antimatière.

Selon les travaux de trois grands physiciens : Boehm, Viguier et De Broglie la matière serait constituée à 99,99 % de vide, donc un trou dans l'énergie du cosmos, alors que l'antimatière en serait une concentration.

Afin de mieux comprendre l'antimatière, nous allons examiner, ensemble, l'histoire des recherches effectuées en ce domaine par les physiciens, depuis le début du 20ème siècle, jusqu'à nos jours.

Au début du vingtième siècle l'antimatière n'est pas considérée avec sérieux par les savants. Elle est regardée, un peu, comme de la science-fiction. Pourtant, en 1926, le britannique Paul Dirac élabore une théorie de l'antimatière. Il prédit l'existence d'antiparticules, symétriquement inverses, comme dans un miroir de celles que nous connaissons : protons, neutrons et électrons. Nous savons que ces trois particules sont à la base de la construction de tous les éléments connus.

Cette existence d'antiparticules n'était alors qu'une simple hypothèse.

Mais en 1932, un jeune physicien du California Institute, Carl Anderson, fait une découverte capitale. Il détecte dans le rayonnement cosmique quelque chose qui possède la masse d'un électron, la trajectoire d'un électron, mais tourne en sens inverse. Il vient de découvrir un anti-électron ou positon qui dispose d'une charge positive, contrairement à l'électron qui dispose d'une charge négative. C'est la rotation qui confère sa charge électrique à une particule. Selon le sens de rotation la charge est positive ou négative. Ces électrons positifs viennent du fond de l'univers et Dirac, l'année suivante, reçoit le prix Nobel de physique pour les avoir prédits.

Cette découverte enthousiasme les savants, mais l'intérêt retombe très vite.

Ce n'est qu'en 1955 que l'antimatière redevient un grand sujet de recherche. A Berkeley, en Californie, des physiciens jouent à écraser des protons, ces particules à charge positive, deux mille fois plus lourdes que les électrons, qui constituent, avec les neutrons, le noyau des atomes. Accélérés par des champs magnétiques jusqu'à une vitesse proche de celle de la lumière, les protons vont percuter une cible avec une telle violence qu'ils se désintègrent, donnant naissance à de nouvelles particules. Les physiciens de Berkeley constatent alors, au moment de la libération d'énergie crée par le choc, la formation de paires de protons, l'un positif l'autre négatif, autrement dit, un proton et un anti-proton.

L'intérêt pour l'antimatière renaît aussitôt. Deux hommes, en particulier, se passionnent pour le sujet : Andréï Sakharov, le père de la bombe H soviétique et Edward Teller, le père de la bombe américaine. Pourquoi ce fulgurant intérêt ? Parce que, en entrant en contact, les particules de matière et d'antimatière s'annihilent totalement, en libérant une énergie colossale. Quelques milliardièmes de grammes d'antimatière équivalent à une petite bombe atomique.

Vous comprenez l'intérêt pour l'antimatière. Malheureusement pour ces pseudos savants, mais heureusement pour nous qui vivons sur cette planète et qui n'avons nulle envie de la voir réduite en poussière, les quelques antiprotons obtenus survivent une fraction de seconde avant de se désintégrer au contact de la matière. Une fois de plus les scientifiques renoncent à l'antimatière, dont on ne parle plus désormais que dans les livres de science-fiction.

Mais en 1982, au laboratoire européen de recherches sur les particules, le CERN à Genève, Simon Van de Meer réalise l'impensable : stocker des antiprotons dans un anneau, grâce à un champ magnétique. Les quantités sont infimes, mais suffisantes pour effectuer des expériences de physique fondamentale.

A nouveau, l'intérêt des militaires est éveillé. Un centre d'études, la Rand Corporation, financée par les forces aériennes américaines, est chargée d'examiner la possibilité d'exploiter le grand dégagement d'énergie résultant de l'annihilation matière/antimatière, et en 1984 un programme de développement est proposé avec quatre applications principales : Propulsion de fusées et missiles, Générateur d'énergie pour plate-formes orbitales, Armes à énergie dirigée et autres usages militaires secrets.

Éternel problème de notre science qui se dit au service du bien-être de l'humanité, mais qui, en réalité, est orientée par les pouvoirs en place vers des applications essentiellement militaires et hégémoniques. Les financements sont tout de suite accordés pour ce genre de recherches. Mais s'il s'agit de recherches destinées à éradiquer la souffrance humaine, on laisse ce soin aux associations et à la générosité du peuple. Espérons que cette orientation néfaste n'entraînera pas la disparition de notre civilisation, comme ce fut jadis le cas pour l'Atlantide.

En tout cas, les recherches secrètes sur l'antimatière se poursuivent en secret et il est bien difficile de dire quelles sont, aujourd'hui, les applications militaires. Il est plus facile d'avoir des informations sur les recherches effectuées par les physiciens du CERN. Nous savons qu'ils sont parvenus à fabriquer des atomes d'antihydrogène et qu'ils essaient de comprendre comment la matière et l'antimatière réagissent entre elles.

Dans son livre « OVNIS et armes secrètes américaines », publié en 2005, Jean Pierre Petit, astrophysicien français, auteur des univers jumeaux et père de la MHD, la magnéto hydro dynamique, révèle que les américains auraient mis au point une bombe antimatière et l'auraient testée sur l'un des satellites de Jupiter. Vrai ou faux, il est impossible de le dire. Il révèle dans cet ouvrage que les militaires sont bien plus avancés, technologiquement, que nous ne l'imaginons. Selon lui, ils auraient 20 années d'avance sur ce que les organismes non militaires comme la NASA laissent entrevoir.

Laissons les militaires avec leurs joujoux. Nous ne pouvons, hélas, faire autrement. Prions simplement pour que les peuples se réapproprient le droit d'orienter les budgets et les recherches vers le bien-être de tous et non vers les velléités hégémoniques de quelques-uns.

Cela dit, orientons-nous de préférence vers la connaissance de ce que l'antimatière peut nous apprendre sur l'univers et sur la nature des véhicules que nous empruntons en tant qu'esprit venu expérimenter la matière.

Avant de découvrir où se cache l'antimatière au sein de l'univers, il nous faut apprendre ce que sont les forces de cohésion de la matière et de l'antimatière : elles sont la résultante du gradient de la pression des particules du milieu qui s'introduisent au cœur de la matière.

Dans mon premier ouvrage, j'ai expliqué que le milieu cosmique, celui qui nous entoure jusqu'au fin fond des espaces sidéraux, est constitué de petites particules qui se repoussent les unes les autres, constituant un milieu élastique et compressible. Plus il y a de particules pour un espace défini, plus la pression entre les particules est grande. Il est possible de parler de pression du milieu, compte tenu de la densité en particules.

Les physiciens ont démontré que notre univers est en expansion. Il est facile de comprendre que cette expansion résulte d'une pression très élevée au niveau de la source, cette pression diminuant au fur et à mesure que l'on s'en éloigne. Le milieu se détend avec l'éloignement et la pression diminue.

Beaucoup de physiciens et d'astrophysiciens sont convaincus qu'il existait à l'origine, au moment du Big Bang, autant de matière que d'antimatière.

Pour comprendre l'interaction qu'elles peuvent avoir entre elles, il faut étudier les forces de cohésion de l'une et l'autre dans un milieu ultra dense.

Dans ce milieu, les particules pénètrent à l'intérieur de toute matière. Le gradient de pression y est nul. La matière se trouve donc à l'état d'atomes dissociés et disséminés dans l'espace.

Par contre, c'est l'inverse qui se passe pour l'antimatière. Dans un milieu ultra dense, les forces de cohésion pour l'antimatière sont très importantes, contrairement à la matière.

Sous l'action de la pression du milieu, l'antimatière se structure sous la forme d'une immense sphère compacte, alors que la matière se trouve dissociée et disséminée dans l'espace.

En étudiant la réaction de la sphère d'antimatière avec le milieu, l'on comprend qu'elle crée, à une certaine distance de sa surface, une sphère d'inversion de la pression. Celle-ci constitue un piège pour la matière qui s'agglutine progressivement au niveau de cette sphère d'inversion.

Au fur et à mesure de l'expansion de l'univers, la pression du milieu diminue. La quantité de matière qui s'approche de l'antimatière augmente. Il arrive un moment où le milieu n'assure plus l'étanchéité entre les deux. Un énorme arc électrique se produit entre la matière et l'antimatière. L'étoile explose en plusieurs fragments d'antimatière et en des milliards de morceaux de matière. Puis le cycle se poursuit et se reproduit. Une étoile en a constitué plusieurs autres qui vont exploser à leur tour et ainsi de suite durant la phase que les astrophysiciens ont nommé : « phase tumultueuse de la création de l'univers », qui dure deux milliards d'années. A la fin de cette période le nombre d'étoiles est suffisamment important pour que la matière ne s'approche plus aussi près de l'antimatière et que les étoiles n'explosent plus. Nous sommes dans la phase calme du développement de l'univers, où les étoiles continuent de se former sans exploser.

Il est donc facile de comprendre où se cache l'antimatière au sein de l'univers et pourquoi nos astrophysiciens n'ont jamais réussi à la détecter : elle se cache au centre des étoiles.

La première étoile serait donc une « super étoile creuse » qui générera d'autres étoiles creuses.

Ceci n'est, bien sûr, qu'une hypothèse, mais une hypothèse qui dispose, en sa faveur, de beaucoup plus d'arguments que l'hypothèse des étoiles pleines.

Les tenants des étoiles pleines n'expliquent pas pourquoi les étoiles explosent. Je viens de vous expliquer comment cela était possible pour une étoile creuse :

1 - Quand la pression du milieu diminue et que la matière se rapproche trop près de l'antimatière, l'étoile explose.

2 - Les trous noirs et leur mode de fonctionnement militent aussi en faveur des étoiles creuses. En effet, aujourd'hui, des astrophysiciens émettent l'idée que les trous noirs pourraient être constitués d'antimatière et seraient à l'origine de la formation des étoiles. Ils ont observé des trous noirs de différentes puissances.

L'idée fut émise que la matière absorbée par un trou noir ressortait sous la forme de fontaine blanche ou trou blanc. Cette idée, résultant de considérations mathématiques issues de la relativité générale, est hautement spéculative. Elle est loin d'être admise par les astrophysiciens.

Les théoriciens des astres creux, expliquent que la matière ne ressort pas sous forme de fontaine blanche, mais se trouve simplement piégée au niveau de la sphère d'inversion de la pression du milieu, pour former l'écorce de la future étoile. Ils rejoignent en cela les physiciens qui pensent que les trous noirs sont de futures étoiles.

3 - En 1999 des astrophysiciens hispano-américains observèrent l'explosion d'une super nova, étoile géante supérieure à 25 fois la taille du soleil. Ils constatèrent qu'il restait un trou noir à la place de cette étoile géante. Elle était donc creuse avant son explosion et la dispersion de la matière qui l'entourait.

Cette observation tend à prouver qu'une étoile serait bien constituée d'un trou noir formé d'antimatière, puis de matière située à une certaine distance.

4 - Tous les astrophysiciens sont d'accord sur le fait qu'une étoile grossit pour se transformer en étoile géante.

- Comment cette étoile peut-elle grossir ?

Les tenants des astres pleins n'ont aucune explication à fournir. Si nous prenons un ballon plein constitué de matière expansive comme du caoutchouc, comment cette boule pourrait-elle grossir ? Par contre, si le ballon est creux, celui-ci peut parfaitement grossir. Au fil de l'expansion de l'univers, la pression externe du milieu diminue. La pression interne induite par la masse d'antimatière demeurant identique, l'astre grossit pour que les pressions interne et externe s'équilibrent.

Ainsi grossissent les étoiles creuses...

Pour les planètes creuses, c'est un autre débat et les preuves ne sont pas aussi évidentes que pour les étoiles, même si certains scientifiques se sont basés sur la forme des continents pour expliquer que la terre grossissait comme une étoile. Il existe, en Allemagne un musée consacré à la terre creuse, avec les stades intermédiaires depuis l'origine du premier continent, la Pangée.

Cette idée de la terre creuse et du continent intérieur est bien ancrée dans certains esprits.

J'ai eu l'occasion d'échanger sur ce sujet avec un français qui s'était inscrit au voyage organisé par Stève Currey et Marcello Martorelli. Celui-ci écrivit un ouvrage qui porte le titre de : « Maîtres de la terre creuse ».

Peut-être connaissez-vous le récit de l'amiral Bird ou l'aventure du pêcheur norvégien Olaf Jansen ?

Voici l'un des passages où Soria parle de la terre creuse :

« Votre centre de la terre est creux et possède son propre soleil générateur de vie. Une flore y pousse également et reçoit la vie de milliers d'insectes et d'animaux. Désolée de lever ce voile, mais il faut regarder la vérité dans sa théorie pour la découvrir dans la matière ».

Il existerait deux entrées vers le continent intérieur situés au pôle nord et au pôle sud. L'amiral Bird et Olaf Jansen expliquent comment ils ont découvert par hasard l'entrée du pôle nord.

Que l'on croie ou non en la terre creuse a peu d'importance pour notre vie quotidienne.

Par contre, comprendre ce que nous sommes de toute éternité revêt une importance capitale pour notre évolution. Comprendre que nous sommes, comme les étoiles, constitué d'une âme antimatière, d'un corps de matière et entre les deux d'un isolant formé par les particules du milieu est fondamental. Nous pouvons envisager qu'à la mort du corps physique, l'âme demeurera vivante et reprendra un jour ou l'autre un corps de matière pour poursuivre son évolution. Nous pouvons aussi, grâce à cette connaissance, comprendre l'importance de l'énergie cosmique ou prana pour la santé et la longévité du corps.

CHAPITRE 16
Le Graal.

Préambule

Nicodème, Siméon et Zacharie, nous conseillèrent d'étudier un certain nombre de thèmes qui, dirent-ils, nous permettront de progresser dans la compréhension des lois qui régissent le fonctionnement de l'univers et l'expérience que nous vivons. Le premier thème concernait la matière et l'antimatière, sujet que je viens d'aborder dans le précédent chapitre. Cette étude permit de découvrir une incroyable structure des planètes et des étoiles, confirmée par un certain nombre de sources extérieures. Nos Amis nous recommandèrent d'étudier aussi l'Alchimie, le Graal et la Philocalie.

Ces thèmes forment la trame du présent ouvrage, mais l'alchimie demeure le fil d'Ariane qui relie les différents chapitres. La quête du Graal conduit à la recherche de la jouvence de santé et d'éternelle jeunesse, au même titre que l'alchimie dont la finalité, je le répète, n'est pas de faire de l'or, mais de trouver un élixir de longue vie appelé médecine universelle.

J'ai longuement parlé de Jean qui fut mon initiateur en la Sainte Science et de notre collaboration durant plus de dix années. Il décéda en août 1995, à l'âge de 58 ans. Pendant plus de trente années, il s'intéressa au symbolisme et plus particulièrement au symbolisme alchimique. Il avait acquis des connaissances peu communes de l'histoire en général, mais surtout de l'histoire secrète et cachée, celle que l'on ne divulgue que rarement. Avant de partir pour l'autre monde, Jean m'a remis une étude sur le Saint Graal. Je souhaite lui rendre hommage en publiant, à titre posthume, son travail qui, je l'espère, éclairera le lecteur sur l'un des sujets les plus passionnants de la littérature ésotérique.

Le Graal, selon Jean.

Sous la voûte des cieux, dans le visible, comme dans l'invisible, le merveilleux nous entoure.

La réalité est si étonnante, qu'elle nous confond. Cette réalité est si dynamique que nous avons quelque difficulté à la saisir dans toute sa complexité. Partout, l'univers, la nature et la vie, nous révèlent leurs splendeurs. A nous de les découvrir, d'en faire une synthèse, et d'en comprendre le message. Mais il faut aborder cette étude avec la fraîcheur d'un esprit neuf, prêter attention aux événements apparemment les plus infimes, essayer de déchiffrer de nombreuses énigmes. Ainsi nous remonterons insensiblement jusqu'aux sources premières. Nous nous rendrons compte alors que tout se tient, et nous aurons le sentiment de participer à quelque chose d'universel.

La compréhension de la nature et de la vie, en nous donnant une meilleure connaissance de nous-mêmes, favorisera notre épanouissement. Alors, parmi les chefs-d'œuvre de la terre et du ciel, la vie nous apparaîtra bien comme l'aventure la plus extraordinaire. Maintenant, il convient, dans la mesure du possible, de vous aider à accomplir cette aventure, par quelques approfondissements sur l'ésotérisme universel. C'est ce vers quoi vont tendre les instants suivants, plus particulièrement consacrés à différentes formes du symbolisme, comme preuves d'une authentique révélation primitive.

Qu'est-ce donc que le symbolisme ?

C'est une Science, un Art, simple et naturel, qui est mis en pratique par une société d'individus, souvent initiatique, dont l'objectif consiste à aider l'humain à s'élever lui-même au-dessus de sa condition ordinaire, et lui donner accès à La Grande Connaissance, qu'il ne faut surtout pas confondre avec une accumulation de connaissances disparates. Grande Connaissance, dont nous avons plus que jamais besoin, pour continuer l'édification de notre Temple intérieur, c'est-à-dire, pour découvrir la grande vérité de notre Moi caché.

Le mot Symbole vient du grec Sumbolon : signe de reconnaissance, formé par les deux moitiés d'un objet brisé que l'on rapproche. Par extension, ce mot signifie une représentation analogique en rapport avec l'objet considéré. Attention, il y a lieu de faire une distinction entre les mots allégorie, emblème et symbole. L'allégorie peut se traduire littéralement par : parler autrement. Cela peut être un apologue, ou discours moral, ou bien, une parabole ou comparaison religieuse. L'emblème est une représentation simple d'une idée. Par exemple, le bœuf est considéré comme l'emblème de la force. Le symbole, lui, est plus vaste, plus étendu et sa compréhension est en rapport très étroit avec les connaissances déjà acquises par celui qui l'étudie. Le symbole se découvre comme un être sensible, ayant sa propre nature, puis ensuite comme un être ayant une relation de signification à un autre terme. Le symbole est fonction, image, pensée...

Le symbole nous fait saisir, entre le monde et nous, quelques-unes de ces affinités secrètes et de ces lois obscures qui peuvent bien dépasser la portée de la science, mais qui n'en sont pas moins certaines pour cela. Il est en ce sens une sorte de Révélation. Le symbolisme est, en effet, une véritable science qui a ses règles précises et dont les principes émanent du monde des archétypes, ou monde du prototype idéal des choses. C'est seulement par l'étude et la pratique des symboles que l'on peut parvenir à l'ésotérisme ou enseignement discret, dit secret.

Avant d'aller plus loin, je vous conseille de vous méfier de tout individu qui se vanterait d'être un initié, et d'être seul en possession de la Connaissance et de la Vérité. Initié vient du latin Initium qui signifie commencement et veut dire tout simplement : mis sur le chemin. L'individu évolué, le Maître, sait qu'il reste toujours un pèlerin sur le chemin, un perpétuel étudiant.

L'étude approfondie des symboles peut mener loin, fort loin. Ici-bas, tout est symbole. Les mots eux-mêmes ne sont, en réalité, que des symboles d'idées. Dans la vie courante, nombreux sont les symboles de déférence, d'amitié, de joie, de deuil, etc. La poignée de main, devenue banale politesse, est un symbole de cordialité, de dévouement, de loyauté. Son refus est symbole d'inimitié. Pourquoi lever la main droite lors d'un serment, sinon pour symboliser la sincérité. Tout le monde comprend ces symboles simples et banalisés. Mais voilà, il existe d'autres symboles moins fréquents, plus obscurs, philosophiques, religieux, initiatiques. Leur écorce est parfois dure à briser, mais l'amande libérée s'en montre d'autant plus exquise. Donc, comme je le disais, l'initié est celui qui emprunte le chemin difficile de l'amour et de la connaissance et le poursuit afin d'obtenir, s'il le peut, l'illumination intérieure qui le mène à l'harmonie en lui-même, à l'harmonie avec ses frères et le cosmos.

L'essentiel du travail est à accomplir personnellement, mais l'initié peut être guidé afin d'éviter certains écueils et découvrir les voies essentielles parmi la multitude de chemins qui, théoriquement, mènent à Rome, alors qu'un grand nombre s'avère sans issue, lorsqu'ils ne sont pas dangereux.

Maintenant, je vous propose, à partir de bases solides provenant des plus authentiques traditions, un certain nombre de thèmes de réflexion sur des sujets fondamentaux, dont certains sont trop souvent passés sous silence. J'ai conscience que mon travail est incomplet, tant le sujet est immense et les ramifications importantes et innombrables. C'est de la confrontation de ces différents éléments, de leur comparaison permanente, que doit sortir pour l'initié, un état d'esprit de synthèse qui lui permet d'aborder les chemins les plus difficiles, qui restent à parcourir à la plupart d'entre nous, lesquels mènent à l'illumination de l'entendement.

Il y aura bientôt 27 années que le titre d'un article, paru dans une revue spécialisée, me mit sur le chemin de l'initié : La Cabale ou Science du Verbe. Ces quelques mots nous plongent tout de suite dans la grande forêt des symboles, car le Verbe apparaît comme le symbole des symboles... Le symbole de Dieu lui-même, d'où tout découle. Bien sûr, le mot Verbe, parfois traduit par Parole, n'est pas à prendre au sens grammatical du terme. Le Verbe, c'est le Logos, mot employé par Saint

Jean. C'est le langage. Or, ce langage est la caractéristique essentielle de l'homme par rapport aux autres manifestations de la vie sur terre. L'homme utilise un mode d'expression d'essence divine dont le décryptage doit correspondre à une connaissance.

La Cabale, avec un grand « C » est, en quelque sorte, la science du verbe sacré. Dieu a créé le monde par son souffle divin, selon toutes les traditions. L'homme, reflet de Dieu, crée par la Parole, reflet de ce Verbe divin. Cette vibration qu'est la parole, scientifiquement parlant, est lumière et vie. C'est dans la genèse, que l'homme, à l'invitation de Dieu, nomme toutes choses et que ce dernier façonne pour que l'homme ne soit pas seul. Et, c'est le fait de les nommer qui leur donne la vie.

Qui dit nom, dit écriture, lettres sacrées, nombres sacrés, et tout ce qui en découle : sons sacrés, voyelles sacrées, divine proportion entre les nombres, pour permettre les manifestations multiples des lois de la nature, en relation avec les rythmes divins. Parler des rythmes revient à mesurer des choses par rapport à une durée. Cela nous mène à une horloge immense, le zodiaque, donc à l'astrologie traditionnelle. L'étude des rythmes conduit à celle des musiques sacrées. S'occuper d'acoustique amène à l'étude de l'architecture. Parler d'architecture nous plonge dans la lumière et les couleurs, donc dans la vie. Le meilleur symbole de l'alliance entre le créateur et l'homme, est l'arc en ciel. Dans la genèse, n'est-il pas dit :

« Je mettrai mon arc dans la nuée, et il sera le signe de l'alliance entre moi et la terre ».

Au travers des mythes, des contes, des fables, des légendes et des symboles, nos ancêtres nous ont transmis la Grande Connaissance. De très nombreux exemples fourmillent :

Mythe de l'Atlantide. - La genèse. - Prométhée. - L'énéïde. - Les romans de la rose. - Les 4 fils Aymon et le cheval Bayard.- Gargantua et Pantagruel.- L'Agartha. - Ma mère l'oie et l'Alchimie. - Blanche neige et les sept nains.- La table ronde.- Peau d'âne.- Le graal.- Les mille et une nuits.- Aladin et la lampe merveilleuse.- Simbad le marin.- Etc.

Arrêtons là cette liste non exhaustive et, pour aller plus avant, choisissons l'un de ces exemples

Graal !... Je ne connais guère de nom plus magique, plus évocateur de mystère, tout en forçant le respect.

C'est à la cour de Marie de Champagne, à Troyes, qu'un dénommé Chrétien de Troyes, dans ce qui constitue le premier grand roman français « Perceval ou le conte del Graal », fait apparaître, pour la première fois, ce nom mystérieux qui évoque immédiatement les célèbres chevaliers de la table ronde. Ce thème, d'une richesse infinie, nœud gordien de la révélation, est très souvent abordé.

Chacun sait que l'œuvre de Chrétien de Troyes, qui sera reprise par d'autres poètes comme Robert de Boron, a vu le jour vers 1180, c'est-à-dire, à une époque où l'ordre du temple était déjà bien implanté en Champagne. Or, il est traditionnellement reconnu que cette œuvre était destinée à l'éducation du chevalier, à travers un idéal s'élevant jusqu'à l'amour mystique. Ne peut-on, dès lors, envisager comme hypothèse particulièrement plausible que les templiers ne seraient pas totalement étrangers à ce qui allait devenir la matière de Bretagne ? N'oublions pas que Saint Bernard, le kuldéen, protecteur des templiers implantés en Champagne eut, tout au long de sa vie, d'étroits contacts avec les moines irlandais, puisqu'il recueillit même le dernier soupir de Saint Malachie.

Si l'on retient l'hypothèse, confirmée depuis la découverte des sceaux secrets de l'ordre, de l'existence d'une hiérarchie secrète hautement initiée, on ne doit plus, dès lors, s'étonner de trouver dans les romans de la table ronde, des significations profondes pouvant aller jusqu'à des connaissances alchimiques cachées. Car, le Graal, en tant que coupe, est la plus haute expression de l'athanor alchimique, et le Gréal, mixture de six ou sept plantes, due au savoir de Coridwen, est évidemment en rapport étroit avec l'élixir de longue vie des alchimistes et la liqueur d'immortalité, connue de toutes les civilisations religieuses.

Puissions-nous, dans l'avenir, pénétrer le mystère du Graal, dont il faut savoir qu'il fut taillé par les anges, en coupe hexagonale à 144 facettes, dans l'émeraude tombée du front de Lucifer, le porte-lumière déchu. Le rapprochement avec la table d'émeraude d'Hermès Trismégiste et le sceau du roi Salomon, taillé dans une émeraude, est significatif.

N'oublions pas que, selon le livre d'Enoch, le 3ème fils d'Adam, Seth, fut admis à pénétrer dans le paradis terrestre. Il y resta quarante ans, nombre de l'expiation, et rapporta le Graal dans le monde des hommes. Il y a encore une quinzaine d'année, le livre d'Enoch, considéré comme apocryphe de l'ancien testament, n'était connu que par une transcription éthiopienne postérieure au christianisme. Or, dans les manuscrits de Qumram, on a découvert une version très antérieure. Le mythe qu'il transcrit est donc bien l'une des clés de la révélation primitive.

Pour en revenir aux symboles, voyons maintenant le symbolisme des romans de la table ronde. L'étude des matières de Bretagne et de France ouvre des voies dont l'importance émerveille tout homme ayant pour souci majeur le retour aux sources de la tradition primordiale. Aussi devons-nous, à bon nombre d'écrivains, une multitude d'ouvrages s'y rapportant, dont certains ne sont que les fruits engendrés par l'attrait du merveilleux provoqué par les textes que nous ont légués bardes, troubadours, trouvères et écrivains des 11ème et 12ème siècle.

Après plusieurs travaux de recherches sur le Gay Savoir du Trobar-clus, je crois avoir décelé, sous des formes diverses, le symbole numéral majeur de ces romans. La parfaite maturité littéraire du mythe arthurien ne se manifestera qu'entre les années 1215 et 1230, avec l'apparition du « Lancelot en prose » dû à Chrétien de Troyes. Cet ouvrage unit 3 sujets : « Roman de Lancelot », « Quête du Graal », « Fin des temps aventureux ». Trilogie fort significative, lorsque l'on sait que les textes de Robert de Boron sont également au nombre de trois : « Merlin », « Perceval en prose » et « Joseph d'Arimathie ». Essayons de suivre le fil des aventures et surtout, essayons de recueillir un peu de leur savoir.

Si la naissance, puis l'enfance de Merlin furent riches en symboles et anecdotes piquantes, le véritable roman chevaleresque ne commença qu'après l'avènement de celui qui chassa l'usurpateur Vortigern, du royaume de Logres, Uter Pendragon. Arrivant de l'océan, il ne peut qu'éveiller en nous les échos de l'Atlantide. Uter Pendragon, père d'Arthur, n'eut qu'un rôle secondaire dans les romans de la table ronde. Et ce fut à son fils que revint l'honneur de fonder, avec Merlin, la célèbre chevalerie. Arthur, reconnu par ses sujets grâce à l'accomplissement d'une prophétie, arracha par trois fois, et cela sans effort, l'épée profondément ancrée dans une enclume, en présence des barons et rois de grande et petite Bretagne. Cette épée, symbole de puissance temporelle, revêt un caractère sacré particulier. Grâce à ce triple geste, Arthur fut consacré et investi du pouvoir. La quête du Graal, recherche du saint calice, sera dès lors, pour tous les hommes, une quête de Dieu, une recherche d'eux-mêmes, et l'avènement d'Arthur en fit le héros prédestiné.

Parlons maintenant de la chevalerie de la table ronde et des tables mystiques. Trois tables furent dressées pour accueillir le Graal, objet de messes mystiques auxquelles furent toujours conviés les élus d'une certaine élite spirituelle, autour d'un roi solaire. Ce fut tout d'abord les douze apôtres, lors de la Sainte Cène, puis les 150 disciples du Christ qui suivirent Joseph d'Arimathie, et enfin les 150 pairs de la table ronde. Trois tables d'une même importance dont nous savons que la première fut rectangulaire. Lors de la Cène, le calice apparaît pour la première fois et la transmutation du vin en sang par le Christ donna au Graal la valeur de cœur divin. La table que dressa Joseph d'Arimathie pour le culte de ce vase sacré, fut carrée et en argent. Nous signalerons un fait troublant qui arriva en 1222 : un ancien templier, Monus Artendus, se fit moine à Clairvaux. Il apportait d'orient des fragments de la croix et une table d'argent carrée.

Il revint à Merlin de matérialiser le symbole de la queste et, par là même, de parachever le symbolisme trinitaire des 3 tables, en fondant la chevalerie de la table ronde. Nous rencontrons également ce triple symbole dans les cathédrales gothiques. L'ordre en est le même. En partant de l'autel, rectangulaire ou carré, la table ronde est figurée par le labyrinthe que les fidèles parcouraient par leurs rondes.

De même, la recherche du Graal est une initiation. Une étymologie du mot Graal est « gradalis » ou « progression par degrés ». Ce labyrinthe, dressé par Merlin, est donc le moyen d'atteindre la lumière suprême que confère la vue du Saint Vaissel. Le Graal, vase sacré, passe successivement des mains du Christ, en celles des hommes, par l'entremise de Joseph d'Arimathie, initié aux mystères divins et seul élu à qui revint la garde du précieux calice.

Les différents passages du calice, du plan sacré au plan profane, sont de merveilleuses allégories retraçant d'une façon, on ne peut plus claire, la dégénérescence, puis la perte de l'émeraude lucifèrienne, qui est à proprement parlé, la lumière dans l'une de ses manifestations terrestres. Dès lors, la queste des bons chevaliers trouve sa correspondance dans le grand œuvre alchimique. La table ronde n'est pas seulement un labyrinthe. Par extension, elle figure un zodiaque humain où Arthur, roi solaire, préside l'assemblée de ses 150 pairs. Il s'agit, pour les pairs d'Arthur, de faire le chemin qui les mène de la circonférence de leur table ronde, au centre, où ils iront déposer le Graal. Le secret que voile cet arcane de la roue rayonnée, est celui des cycles, autrefois, l'apanage des Sages et Rois du monde. Trois héros parviennent à contempler le Graal, dans le château aventureux. Ce sont les symboles des 3 états de la pureté humaine. Bohort n'est pur que par l'esprit. Perceval garde la pureté de son corps. Galaad seul, est pur de corps et d'esprit.

Nous sommes en droit de nous demander qui a introduit, dans le monde celte la légende du calice sacré. Une peuplade inconnue, descendue du ciel, dit la tradition irlandaise, colonisa l'Irlande. Ces hommes, les Tuatha dè Danan, apportèrent avec eux 4 objets ayant une étroite relation avec leurs enseignements :

- Une pierre.
- Une lance.
- Une épée.
- Un récipient.

Je ne vous parlerai pas du symbolisme de ces 4 objets dans le grand œuvre alchimique, tant cela est connu et révélé dans tous les traités hermétiques.

L'un des plus merveilleux symboles des cycles arthuriens est la nef de Salomon. Qu'est-ce, sinon un vaisseau, semblable au navire Argo de Jason qui partit à la recherche de la toison d'or ! Dans la symbolique alchimique, l'épée, ainsi que la lance sont des hiéroglyphes du feu et de sa force de pénétration. Le premier s'apparente au feu vulgaire et le second au feu secret.

Chaque apparition du saint calice est précédée par la venue d'un ange tenant la lance de laquelle coule le sang du Christ. L'ordre d'apparition des deux objets sacrés s'apparente bien à une phase de l'élaboration de l'émeraude des philosophes. La lance représente, en effet, l'esprit universel sans lequel l'artiste ne peut prétendre à la matérialisation de la pierre des philosophes et au grand œuvre physique.

Nous pouvons donc dire, pour conclure, que le mythe du Graal est celui de 2 objets absolument indissociables : la pierre taillée devenant coupe, et la lance qui fait jaillir le sang christique qui s'égoutte ensuite dans la coupe.

Tout pèlerin, sur le chemin, doit faire une halte, et avant que vienne la mienne, je vous dirai quelques mots sur le symbole marquant la fin du cycle arthurien. Il est en rapport étroit avec l'arrivée d'Uter Pandragon et la mythologie atlantéenne :

Sur l'ordre d'Arthur, son épée, Escalibur, fut plongée dans un étang où une main la saisit pour la faire disparaître et réapparaître 3 fois successivement. Ce triple engloutissement par les eaux de la puissance arthurienne, s'apparente à la disparition du trident poséidonien. Il est en rapport étroit avec l'une des phases majeures du grand œuvre alchimique.

Intermède

Jean nous transmet par son étude sur le Graal, beaucoup d'informations sur ce merveilleux symbole et nous verrons, à la fin du chapitre, toute l'importance qu'il revêt pour les alchimistes. Marie participa avec nous à cette extraordinaire aventure, mais souhaita, pour des raisons personnelles, ne pas la poursuivre. Elle nous transmit beaucoup de messages alchimiques et il me faut la remercier pour cela. Souvent, elle me répétait ne rien comprendre à ce qu'elle nous remettait, mais c'était pour nous d'une importance capitale. Je dirai même que, sans les messages qu'elle nous transmit, il eut été difficile d'approcher du but. Qu'elle soit donc remerciée pour son travail !

CHAPITRE 17
La Philocalie.

Nos Amis du plan neutre nous proposèrent l'étude de la matière et de l'antimatière, puis nous incitèrent à effectuer des recherches sur l'Alchimie et le Graal que nous venons d'évoquer. Mais ils nous suggérèrent aussi un thème qui fut une véritable découverte pour nous, car nous n'avions jamais entendu parler de cette technique appelée « Philocalie » ou « Prière du cœur ».

Celle-ci fut reconnue, puis expérimentée durant de nombreux siècles par les moines du désert puis, au sein de l'orthodoxie, par les moines du mont Athos qui lui donnèrent ce nom de Philocalie.

Dans notre groupe de chercheurs, Damien est probablement celui qui s'est le plus intéressé à l'histoire de la prière du cœur, à son évolution au cours des siècles. Aussi vais-je lui laisser la parole afin qu'il vous transmette sa connaissance de cette branche si particulière de la voie du cœur.

La Philocalie selon Damien.

Examinons tout d'abord quelles sont les notions qui interviennent lorsque nous sommes en prière. En premier lieu intervient le Verbe, car la référence au divin passe obligatoirement par une formulation. Celle-ci peut être mentale et, dans ce cas, l'action se réalise du dedans vers le dehors. Elle peut être orale, et dans cet autre cas, l'effet est dirigé à l'inverse : du dehors vers le dedans. Plus globalement, il se produit une élévation du taux vibratoire, à tous les niveaux, physique, mental et spirituel.

Tout l'être se trouve ainsi exalté, élevé...

Par ailleurs, interviennent les attitudes, car lorsqu'elles sont adéquates, l'énergie peut circuler librement et effectuer son rôle créatif. Il en va de même pour les mouvements et gestes. En effet, il ne faut pas oublier que l'intention bien conduite engendre une harmonisation des énergies, par intervention réactive des méridiens.

De toute évidence, la prière exotérique, incluant l'attitude, le verbe et le geste, est indispensable pour accéder à la prière ésotérique. C'est l'aspect ésotérique seul qui arrive à l'être, et amène l'homme à proximité de la toute-puissance.

Parmi toutes les prières, il en est une qui s'appuie, par expérience, sur un recueil de textes des pères neptiques, allant du 4ème au 14ème siècle, publié à Venise en 1782 par un moine de l'Athos, St Nicodème l'Hagiorite (1748-1809). Il s'agit de la Philocalie. Les textes de la Philocalie se rapportent avant tout à la théorie et à la pratique de la prière, et principalement de la prière de Jésus, ou prière du cœur.

Pourquoi la prière de Jésus ?

« Nul ne peut rentrer dans le royaume de Dieu, si ce n'est par le nom du fils : Jésus ! Son nom est aux yeux une lumière sereine et aux oreilles, le son même de la vie ».

Selon Diadoque, docteur spirituel, vers 458 après J.-C. : « la prière de Jésus existe comme formule et technique. On doit crier perpétuellement : « Seigneur Jésus ! »

Aux 8ème et 9ème siècle, nous ne connaissons pas de textes remarquables relatifs à la prière de Jésus. Il n'existe pas encore de traces des techniques psychophysiologiques qui apparaîtront plus tard. Le nom de Jésus est toujours le centre de la prière, mais celle-ci n'est pas encore bien codifiée et il existe alors de nombreuses variantes.

Pour être mieux fixé, il faut attendre la parution d'un opuscule intitulé : « la méthode de la prière et de l'attention sacrées ». Selon une tradition générale et ininterrompue, même si certains la contestent, cette méthode serait attribuée à Saint Siméon, le nouveau théologien (949-1022). Amoureux du Christ, par excellence, car il semble bien que nul autre que lui n'ait mis autant de cœur pour placer le Christ au centre de toutes ses préoccupations, actions ou réflexions.

Par conséquent, qui pourrait nous parler, mieux que lui, de la prière de Jésus ? Découvrons, pour ce faire, quelques considérations d'un moine de l'église d'Orient, sur la méthode de Siméon qui, en toile de fond, exprime la formule : « Seigneur, aie pitié ! », s'unissant au nom même de Jésus. Pour prier, Siméon conseille de :

- Fermer la porte de sa cellule.
- Se mettre en état de tranquillité.
- S'asseoir et incliner la tête sur la poitrine.
- Regarder vers le milieu du ventre.
- Comprimer la respiration.

- Faire un effort mental pour trouver le lieu du cœur, c'est-à-dire pour se représenter cet organe, tout en répétant l'épiclèse de Jésus Christ : « Seigneur, aie pitié de moi ! ».

Au début, on éprouve peine et obscurité, mais ensuite, on perçoit une sorte de lumière. Désormais, dès qu'une pensée mauvaise s'élève, et avant même qu'elle ne s'achève et ne prenne forme, elle se trouve expulsée et anéantie. Il faut passer par différents stades successifs :

- La domination des passions. Par l'invocation du Seigneur Jésus, celles-ci fondent et s'évanouissent comme de la cire.
- La douceur de la psalmodie.
- La substitution de la prière de Jésus à la psalmodie.
- La théoria, c'est-à-dire la contemplation fixe et sans déviation.

Ainsi se construit la maison spirituelle dans laquelle le Christ viendra. Tout cela n'est pas hors de notre portée. Le reste, nous l'apprendrons avec l'aide de Dieu, en pratiquant la garde de l'esprit et en retenant Jésus dans le cœur. Dans la méthode des conseils pratiques de spiritualité et l'invocation du nom de Jésus, se trouvent liés certains procédés psychophysiologiques.

Relatons maintenant une autre expérience, celle de Nicéphore, moine de l'Athos vers 1340. Il préconise la prière de Jésus, accompagnée d'un refoulement de l'air, afin de faciliter l'entrée de l'esprit dans le cœur, d'enlever toute pensée discursive et, au lieu de toute pensée, crier au-dedans de soi : « Seigneur Jésus Christ, fils de Dieu, aie pitié de moi ! ». Il préconise aussi de faire mémoire de Jésus Christ, jusqu'à ce que le nom du Seigneur pénètre dans notre cœur, y descende profondément, écrase le dragon, et vivifie l'âme. Il faut que notre cœur absorbe le Seigneur et que le Seigneur absorbe notre cœur, et que tout deux deviennent un.

A partir de Grégoire le Sinaïte (mort en 1346), ce n'est plus le Sinaï, mais l'Athos qui constitue le centre de pratique et de diffusion de la prière de Jésus. L'Athos va insister sur la technique psychophysiologique.

Grégoire conseille la prière de Jésus le matin. En prononçant le nom de Jésus, on se nourrira, dit-il, de ce nom divin, comme d'un aliment. La prière de Jésus nous permet d'atteindre à l'état que décrit l'apôtre Saint Paul « Ce n'est plus moi qui vis, c'est le Christ qui vit en moi ».

Par ailleurs, Saint Maxime, anachorète de l'Athos au 14ème siècle qui possédait le charisme du discernement des cœurs, montre comment Marie peut former en nous la prière de Jésus. Il insiste sur l'unification de notre esprit, par la prière de Jésus.

De son côté, Théolepte, archevêque de Philadelphie, et théoricien de la prière de Jésus, ne parle guère de la psychotechnique, attitude corporelle ou respiration, mais de sa psychologie, opération mentale qu'elle implique. Il dit : « la prière pure réunie en elle-même le Nous, le Logos et le Pneuma ». Ce dernier point manifeste la componction, l'humilité et l'amour. Par le Logos, elle invoque le nom de Dieu et énonce la demande. Par le Nous, elle fixe avec calme son regard sur le Dieu qu'elle invoque.

Pour Grégoire de Palamas (1296-1359), disciple important de Théolepte et écrivain ascétique et mystique des trois chapitres sur la prière et la pureté du cœur, la conception de la lumière incréée et la distinction entre l'essence et les énergies divines furent une contribution discutée, mais originale. C'est la prière de Jésus qui a amené Grégoire vers ces idées de la vision de la lumière divine et de la lumière du Thabor.

Calliste, patriarche de Constantinople (vers 1397), recommande la formule : « Seigneur Jésus Christ, aie pitié de moi ! ». Il distingue un double mouvement, un élan vers Jésus Christ dans la première partie et un retour sur soi dans la seconde. Le rythme respiratoire doit s'associer à ce double mouvement. Cette pratique, dit-il, produit une certaine chaleur dans le cœur.

Après ces pères qui ont fait date jusqu'au 14ème siècle, il se passa une longue période au cours de laquelle il semble bien que l'Athos ne fait plus parler de lui, ou presque. Et c'est au 18ème, époque de la Philocalie, que le mont Athos redevient le centre de diffusion interne de la prière de Jésus. Ce renouveau, nous le devons à Macaire de Corinthe (1731-1805), et à Nicodème l'Hagiorite (1748-1809). Leurs œuvres constituent « Une somme de la prière de Jésus ». Nicodème, en particulier, est un admirateur de Saint Siméon, le nouveau théologien. C'est un connaissant exceptionnel. Il se montre un écrivain d'une culture littéraire et théologique hors du commun, doublé d'une expérience spirituelle authentique et profonde, n'ignorant pas ce que savent les anatomistes de son temps. Il recommande des méthodes psychophysiologiques de prières fixées au moyen âge byzantin par des moines dont les idées sur la respiration, le cœur, le cerveau, peuvent paraître primitives, mais n'en sont pas moins efficaces.

Nicodème conseille que les débutants s'habituent au retour de l'esprit au cœur, comme l'enseignèrent les divins pères ascètes, en opérant par l'inclination de la tête et en appuyant la barbe sur le sommet de la poitrine. On retiendra momentanément la respiration, car celle-ci facilite la dispersion et la dissipation de l'esprit. On pratiquera cet exercice le soir, pendant une ou deux heures, sans interruption, dans un lieu calme et obscur. Ainsi l'esprit se ramasse et se retourne vers le cœur. Il y trouve le discours intérieur. L'esprit ayant trouvé celui-ci, il ne peut dire autre chose que la brève prière : « Seigneur Jésus Christ, aie pitié de moi ! ». La prière de Jésus ne doit rien avoir de mécanique. Elle se situe dans un ensemble spirituel. Cette prière seule ne suffit pas, il faut encore mettre en mouvement la puissance de volonté de l'âme. Il faut que l'âme dise cette prière avec toute sa volonté, toute sa force et tout son amour. Il est nécessaire d'éviter toute imagination, toute empreinte d'une forme quelconque et que l'on se souvienne du conseil de Saint Nil : « soit immatériel en présence de l'immatériel ».

Toujours selon Nicodème, il est possible de revenir à la liberté primitive et de se concentrer sur le seul nom de Jésus. Ce mot est la Parole au sens absolu.

Conclusion

Ce mode de prière qu'est la prière du cœur ou prière de Jésus, peut être prononcée ou seulement pensée. Il se trouve à la limite entre la prière vocale et la prière mentale, et aussi entre la prière méditative et la prière contemplative.

La prière de Jésus comporte toujours et essentiellement une formule où le nom de Jésus est invoqué : « Seigneur Jésus Christ, fils de Dieu, aie pitié de moi ». Et secondairement, une certaine méthode corporelle destinée à faciliter la prononciation de la formule. On notera l'importance de la respiration, qui occupe une place centrale dans toutes les traditions spirituelles et religieuses, ainsi que la nécessité de ramener l'esprit au niveau du cœur.

Et la lumière viendra...

Dans ce relevé d'informations, sécrétées par les pères du désert, l'important est que chacun ressente quelles sont les données qui lui correspondent le mieux. J'entends par là que rien n'est figé dans l'expérience transmise à propos de la prière de Jésus, ainsi que nous venons de le voir. Par conséquent et en fonction du profond ressenti de chacun, il pourra émaner un processus qui sera une synthèse objective et pratique permettant une application expérimentale prudente et raisonnée.

La voie du cœur selon Drunvalo Melchizedek.

Aujourd'hui, les techniques qui conduisent à la voie du cœur ont pris des formes plus modernes, plus adaptées à notre mode de vie. Celui qui, dans notre modernité, l'a plus particulièrement explorée et décrite est certainement Drunvalo Melchizedek qui, dans son livre « vivre dans le cœur » décrit la manière d'entrer dans cet espace sacré. Je ne parlerai pas des techniques enseignées par Drunvalo et vous renverrai pour cela à l'ouvrage, mais citerai quelques passages qui invitent à la réflexion.

« Mes Maîtres m'ont demandé de vous rappeler que vous êtes bien plus qu'un être humain. Car en votre cœur existe un lieu sacré où le monde peut littéralement être refait par la cocréation consciente. Si vous voulez vraiment trouver la paix de l'esprit et si vous désirez rentrer au bercail, je vous invite à découvrir la beauté de votre propre cœur. »

« Nos pensées et nos émotions créent le monde qui nous entoure. En restant en contact avec la Terre Mère par le cœur, tout est possible, même la dépollution de notre atmosphère avec comme seul instrument notre corps de lumière. »

« L'espace sacré du cœur est une dimension intemporelle de la conscience où tout est possible. Dans tous les anciens écrits et les vieilles traditions orales du monde, on trouve des allusions à un endroit secret situé dans le cœur. L'extrait du Chandogya Upanishad en est un exemple, tout comme un livre associé à la Torah dont le titre est : « Chambre secrète du cœur » :

Si quelqu'un vous dit :

- Dans la cité fortifiée de l'impérissable, notre corps, il existe un lotus, et dans ce lotus se trouve un minuscule espace : que contient-il pour qu'on désire le connaître ?

Vous devez répondre :

- Ce minuscule espace dans votre cœur est aussi vaste que l'espace. On y trouve le ciel et la terre, le feu et l'air, le soleil et la lune, la foudre et les constellations, tout ce qui vous appartient et ne vous appartient pas ici-bas, tout cela est rassemblé dans ce minuscule espace contenu dans votre cœur.

Les chercheurs de l'institut HeartMath ont fait une découverte. Ils ont prouvé que, de tous les organes du corps humain, y compris le cerveau, le cœur est celui qui génère le plus grand et le plus puissant champ énergétique. Ils ont découvert que ce champ électromagnétique mesure de trois à quatre mètres, son axe se trouvant au centre du cœur. Sa forme ressemble à celle d'un beignet troué en son centre ou d'un tore, une forme souvent considérée comme la plus singulière et primordiale qui soit dans l'univers.

Je crois que la méditation de l'unisson crée en nous la vibration qui nous accorde le privilège de découvrir le Saint Graal, l'espace sacré du cœur, l'endroit où Dieu a originellement créé tout ce qui est. C'est si simple. Ce que nous avons toujours cherché loge dans notre propre cœur.

Ceux qui ont lu mon autre ouvrage se rappelleront peut-être l'une des hypothèses formulées sur la forme torique de l'univers. J'eus récemment la surprise d'avoir la confirmation de cette forme, par Kryeon, à la page 253 de son dernier ouvrage « Un nouveau don de lumière » :

« Dans votre dimension, la forme de l'univers ressemble à un tore. Pour ceux qui ne le savent pas, un tore a l'apparence d'un pneu ou d'un beignet... Dans la nature observable, le microcosme est semblable au macrocosme. Ce n'est pas un hasard et nous vous invitons à étudier la question. »

N'est-il pas étrange de constater la similitude de la forme du champ énergétique de notre cœur avec celle de l'univers ? Le cœur serait-il l'espace capable de nous conduire en conscience en n'importe quel point de l'univers ?

Extraits du livre de Soria « Cercles de paroles ».

SORIA transmet par l'intermédiaire de Madame Régine Françoise Fauze, des informations sur ce que nous sommes dans notre réalité profonde, l'expérience que nous vivons en incarnation, la structure de l'univers et l'avenir de notre planète. Son enseignement est d'une grande profondeur. Il est comparable à l'Alchimie, un véritable puzzle qu'il est nécessaire d'assembler afin d'en extraire la quintessence. « Lis, lis, relis » affirment les ouvrages alchimiques. Il en est de même des ouvrages de Soria : la compréhension nécessite de nombreuses relectures. Je me suis donc livré à cet exercice afin d'extraire de cet enseignement une vision nouvelle. J'ai compris que ce qu'exprimait Soria sur le cœur correspondait à l'enseignement religieux ou celui transmis par certaines écoles initiatiques, mais elle donne une plus grande importance encore à cette voie, comme si le temps de la Parousie annoncé par les Églises était déjà à notre porte...

Voici donc les passages du livre de Soria « Cercles de paroles », publié aux éditions Ariane, que j'ai assemblés comme un puzzle, afin d'approfondir cette voie si importante du cœur :

Page 432 : « Nous souhaitons que vous accomplissiez un véritable acte divin, un acte d'amour sensé, pur et réaliste. C'est par conséquent plonger le regard à l'intérieur de son cœur, s'installer dans cet instant sans impatience, sans attente et émettre ce rayonnement d'amour que vos cellules et votre mémoire attendent afin d'aller chercher votre schéma originel, de le réanimer avant de le réinstaller... Quand vous acceptez de vous ancrer dans ce flux d'amour qui vous appartient, vous vous connectez à des réservoirs d'amour qui pourront se déverser sur vous et amplifier votre action. Surtout n'attendez pas que le processus s'enclenche de l'extérieur ; comprenez que tout vient de l'intérieur, que tout commence par vous... Tournez résolument votre regard en vous et plongez dans votre cœur. Demandez à l'être qui y réside d'ouvrir votre Livre de Vie et de diriger votre regard vers cette information. »

Page297 : « Vous êtes invités à élargir votre conscience et votre reconnaissance d'appartenir à la fraternité universelle. Vous devrez intégrer ces concepts et les faire glisser avec aisance dans votre cœur... Vous devez comprendre que le plus beau de vous-même loge en vous et qu'il se moque de votre apparence, de votre identité, de votre nom, de votre appartenance à une famille ou l'autre. Lui sait qui il est et qui est caché derrière ces grimaces, ce masque. Il sait combien vous souffrez et pouvez donc y mettre un terme en une fraction de seconde. »

Page 212 :« Vous pouvez courir, chercher, faire le tour du monde plusieurs fois, monter dans une navette et aller de planète en planète, vous serez constamment en fuite tant que vous n'aurez pas tourné votre regard à l'intérieur de votre cœur et surtout tant que ce regard ne cessera pas de remarquer uniquement ces travers de personnalité qui vous ont servi de tremplin pour rentrer dans votre demeure. »

Page 326 : « Comprenez que nous avons besoin de vous tels que vous êtes en cet instant précis ! Pour apporter la plus grande lumière, le plus grand don, la plus large offrande à cette humanité et à cette planète... Tout à coup, sans que vous n'en saisissiez le pourquoi, votre cœur se mettra à pulser et à envoyer de la lumière... Mais la chose dont nous avons le plus besoin, c'est que vous effectuiez des lâcher prises quant au contrôle de vos vies. »

Page 262 : « Exhortez votre mental à être moins actif et à vous offrir des plages de repos. Et dès que vous les aurez, descendez à l'intérieur de votre cœur, ressentez par votre cœur, cherchez la réponse en lui, écoutez-le. »

Page 275 : « Si je vous demande d'entrer en vous, ce n'est pas pour vous isoler ! Ni pour passer un baume sur votre ego. C'est simplement pour vous dire : aimez-vous, car c'est là le grand secret. Dans le calme intérieur, vous pouvez toucher la profondeur de la paix, de l'amour inconditionnel. Votre cœur est ouvert, il est dilaté, il rayonne. Votre mental est apaisé et il rayonne ! Il n'y a plus de peur ni de craintes, par conséquent vous n'êtes plus recroquevillés sur vous-mêmes. Vous êtes en expansion au même titre que le grand sidéral. Curieux non ? Vous voilà à nouveau en synchronicité avec lui. Sentez dans ce bien être, comme votre respiration est plus profonde, apportant à votre corps, à votre biologie une dose plus importante d'oxygène. Ainsi, votre chimie intérieure peut s'aligner à nouveau sur son schéma originel... Vous vous fatiguez moins, n'étant pas en déperdition d'énergie. Vous êtes installés dans votre énergie. C'est là un autre grand secret. »

Page 436 : « Soyez prudents par rapport à ce qui vient. Comprenez qu'il faut vous installer à l'intérieur de votre cœur en toute urgence afin de déconnecter le rail automatique qu'a installé le mental... Il est l'heure de pénétrer votre cœur afin de pouvoir vous présenter totalement armé devant ce que vous aller vivre dans le sas de la troisième à la quatrième dimension. »

Page 472 : « Devant le puissant torrent de lumière qui descend des cieux, vous n'avez qu'un seul travail prioritaire, et c'est d'ouvrir les portes de votre cœur, celles qui vont accueillir cette énergie et la laisser ensuite sortir. »

Page 437 : « Je ne désire pas vous effrayer, mais vous faire comprendre à quel point il est nécessaire de vous installer dans votre cœur. C'est uniquement par votre volonté d'agir et de réagir par le cœur que vous pourrez connaître les plus grands élans décrits par les maîtres du passé. C'est par votre installation dans le cœur que votre être, dans cette cellule sans air reconnaîtra enfin cette chimie qu'il affectionne tant et ouvrira ses portes, grandira et vous unira finalement à sa force, à sa lumière et à son potentiel. En somme, en acceptant de fournir l'effort de descendre dans votre cœur, vous entraînerez votre corps, votre âme à s'unir à ce petit Être, cet esprit qui attend ce mariage. C'est un acte majeur que je vous invite à poser, un acte puissant, magique, un acte de créateur responsable. »

CHAPITRE 18
Le cœur, porte de l'Ascension et des dimensions supérieures.

L'ouverture du cœur.

Toute technique de développement spirituel conduit à l'ouverture du cœur, passage incontournable de notre évolution. Cette ouverture n'est pas une métaphore, mais une réalité du point de vue énergétique. Lorsque, par les pensées et les mots exprimés, les chimies de notre corps deviennent harmonieuses et en parfaite syntonie avec celles des corps subtils, le cœur émet une vibration particulière, un flux énergétique qui ouvre le thymus, chakra régulateur du système corporel. Cette glande grossit et agit sur les autres glandes qui ouvrent les chakras correspondants. Ceux qui parviendront à l'ouverture du cœur manifesteront la douceur de vivre et la simplicité. Ce sera pour eux l'acquisition progressive des capacités psychiques et le retour des pouvoirs divins.

Il faut pratiquer et être très patient, car les résultats ne sont jamais immédiats. C'est vrai pour toute démarche initiatique et toute technique spirituelle. Au jeu du libre arbitre, nous avons abusé de nos pouvoirs et la chute liée à cet abus s'est étalée sur de nombreux millénaires. Aussi faut-il du temps pour prendre le chemin inverse. Mais ce temps peut être abrégé pour ceux qui décident de tourner résolument leur cœur vers l'amour et la fraternité, une fraternité réelle, concrète, appliquée au quotidien, dans ses pensées, ses paroles et ses actes. Il nous faut de la foi, de la confiance dans ce que nous sommes vraiment, des êtres divins qui acceptèrent de vivre une expérience unique au sein des univers, celui de l'oubli de ce qu'ils sont, du libre arbitre et de l'isolement avec leurs frères et sœurs intra et extraterrestres. Mais cette expérience peut prendre fin si nous le décidons et si nous sommes un peu patients.

La voie alchimique et la voie du cœur conduisent à la maîtrise des pensées, des paroles et des actes, dans le cadre du respect des lois universelles, par application du respect de la vie, de la fraternité et de l'entraide. Quand ces attitudes sont installées dans la vie quotidienne, il se produit l'ouverture du cœur qui constitue la première et la plus importante étape sur le chemin de l'Ascension.

Dans mon second ouvrage, je vous parle de ces autres plans qui existent de façon concomitante au nôtre, où la densité de la matière est de plus en plus subtile au fur et à mesure que l'on s'élève dans les fréquences vibratoires. Je vous explique comment il est possible de passer dans l'une des autres dimensions par l'intermédiaire d'une porte de passage, fixe ou aléatoire. Je vous dis aussi que des écrits anciens parlent d'un temps particulier, une période astronomique où une porte à la dimension de la planète permet l'envol vers les dimensions supérieures. Comprenons que plus nous nous installerons dans notre cœur, plus cet envol sera facile. Le cœur ouvre les portes de la dimension nouvelle, mais nous ne pourrons en franchir le seuil en maintenant des attitudes erronées. Soyons sereins, mettons de la douceur dans notre vie, cessons de vouloir paraître et ouvrons notre être à chacune des expressions de la vie ! Alors notre cœur permettra l'ouverture de la porte vers cette 4ème, puis 5ème dimension où nous sommes attendus. Sachons que les portes s'entrouvrent toujours à des moments déterminés, lors d'un passage précis et uniquement pour celles et ceux qui ont su ouvrir leur cœur...

Épilogue à la voie du cœur.

Oublions toute voie qui ne soit celle du cœur !
Ô cœur de notre cœur, ouvre la porte à la réalisation de notre Amour,
Dans le retour de la Fraternité !
Demain, nous serons là, présents pour l'éternelle vie,
Heureux de nous glisser en nos habits nouveaux
Et vivre ces instants d'intense félicité !
Et Toi qui fus présent mais silencieux, au centre de notre cœur,
Parcelle de la divinité, tu seras là pour nous guider,
En ces temps de lumière !
Mais pour cela le choix doit s'exprimer et tout combat abandonner !
Apaiser son mental, vivre dans la sérénité !
Et puis enfin, dans la paix retrouvée, en grand son cœur ouvrir
Aux énergies divinisées !

CHAPITRE 19
Suite des contacts avec les aigles d'Héliopolis.

Au printemps 1999, Marie et René m'appelèrent au téléphone pour me faire part d'une proposition de Siméon, Zacharie et Nicodème. Ils proposaient que nous constituions un groupe de plusieurs personnes, à choisir selon notre désir, et que nous travaillions ensemble sur un certain nombre de thèmes dont vous avez aujourd'hui la teneur.
Grâce à Marie qui accepta de mettre provisoirement ses dons à notre disposition, nous pûmes avoir des échanges directs avec nos Amis et recevoir des informations et des conseils de grande valeur. De toute évidence, ils étaient disposés à nous aider au mieux de leurs possibilités, en respectant notre libre arbitre, afin que nous réussissions à atteindre le même but qu'ils avaient certainement atteint voici de nombreuses années et peut être des siècles.

Siméon, lors de l'entretien, précisa que, dans la démarche qui était la nôtre, il était souhaitable que le nombre des opérateurs soit de trois. Et lorsque je lui en demandai la raison, il me répondit :

- Souvenez-vous de l'antique loi du triangle. Pour qu'il y ait manifestation, il faut qu'il y ait trois points.

Au cours de l'entretien, Damien manifesta son désir d'être ce troisième opérateur et demanda à Siméon des conseils pour la réalisation de son laboratoire. Voici ce que Siméon lui répondit :

- Il convient au départ de choisir un lieu simple, que tu sanctifies ce lieu et que tu projettes dans ta conscience que ce lieu est ton laboratoire. Au départ, tu t'y rendras un laps de temps court pour t'harmoniser avec ce lieu. Ensuite, il est important que tu y déposes les symboles de ton choix qui, pour toi, sanctifieront ce lieu. Ensuite, tu pourras y apporter quelques objets nécessaires aux premières opérations. Ensuite tu verras que rapidement il s'établira entre ce lieu et toi une sympathie profonde.

Je demandais à Siméon s'il m'était possible de transmettre tout ce que je connaissais à mes amis. Il me répondit :

- Dites-vous bien que celui qui vous entend ne recevra que ce qu'il est prêt à recevoir. Il n'y a pas de secret mieux caché que celui qui est divulgué au grand jour. Abandonnez vos craintes. Vous devez adopter dans votre méthode de travail une certaine régularité, ne pas hésiter à suggérer à ceux qui vous écoutent de prendre des notes, avoir des discussions entre vous et, si vous le pouvez, envisager des phases au laboratoire où vous serez tous présents. Vous en retirerez beaucoup de profits.

A la suite de cet important conseil, nous décidions, René, Damien, son épouse et moi-même, de programmer quatre réunions où nous pourrions échanger et travailler ensemble au laboratoire. La première réunion eut lieu au mois d'août de la même année, à mon domicile. Marie était restée chez elle. Nous étions en discussion sur les modes opératoires que je connaissais lorsque j'entendis sonner le téléphone. Marie, à l'autre bout du fil me dit :

– Siméon aimerait que tu expliques ce qu'est le Griffon en alchimie.

Bien entendu, Marie ne savait absolument pas ce que le Griffon pouvait représenter et ne faisait que retransmettre.

J'expliquais donc à mes amis réunis que le Griffon provenait de l'union d'un aigle et d'un lion et qu'à ce titre, il représentait l'union et l'assemblage de la partie volatile de la matière, c'est à dire le mercure, et de la partie fixe et terrestre, c'est à dire le soufre. L'assemblage des deux, le Griffon, représentait ainsi l'union du mercure commun et du soufre philosophique dans le mercure philosophique, matière de base de la coction du troisième œuvre. Je découvrirai plus tard que mon explication était erronée. Je me suis en effet laissé prendre au piège tendu par maints philosophes qui confondent volontairement deux opérations successives conduisant à des résultats parallèles.

Je venais à peine de terminer mes explications que le téléphone résonnait à nouveau et Marie, au bout du fil, nous transmettait un message de Siméon dont voici la teneur :

– Il n'existe pas qu'une seule manière de préparer l'émeraude, mais bien deux. Celle que je vais vous confier ne figure pas dans les textes. Il est indispensable, pour la réaliser que la matière soit d'excellente qualité. Ce qui survient n'est pas ce qui était attendu. Par trois fois tu nourriras la matière, en lieu et place d'une seule grosse fois. Tu fragmenteras l'aliment et l'incorporeras rapidement. Ainsi, il est plus digeste et la matière l'assimile mieux. L'opération prend peu de temps, au plus 1h30 par fraction d'une demi-heure. Cela surprend, je le conçois, mais voilà la méthode des philosophes, les Philadelphes, frères d'Héliopolis.

Nous attendions avec impatience la seconde réunion, nous demandant quels messages nous allions recevoir. Nous semblions si motivés ! René, Damien et son épouse en savaient autant que moi et nous étions sur un même pied d'égalité, prêts à progresser beaucoup plus vite avec l'aide des Maîtres d'Héliopolis.

Malheureusement, peu de temps avant la seconde réunion, je recevais un appel téléphonique de René qui s'excusait et m'informait que son emploi du temps et ses impératifs professionnels ne lui permettaient plus de participer aux réunions. Peu de temps après, Marie et René se retiraient de notre groupe de recherche. Nous avions trop le respect du libre arbitre de chacun pour émettre la moindre critique et nous leur souhaitions la pleine réussite de leurs entreprises. Bien sûr, nous étions tristes, mais nous demeurions amis et c'était le plus important.

De sept, au début de l'aventure, nous demeurions cinq et, à l'unanimité, décidions de suspendre nos travaux en atelier afin de poursuivre nos recherches de manière informelle. Chacun demeurait libre d'entreprendre les recherches qui lui tenaient à cœur, sans demander aux autres de faire la même chose. C'est alors que nous eûmes la surprise de découvrir l'intérêt, jusque-là caché, de Colette pour l'Alchimie. Nous pensions tous que son intérêt se limitait à la radiesthésie dans laquelle elle excellait avec son mari David. Elle déclara, tout de go, qu'elle allait construire un laboratoire et se mettre au travail, ce qu'elle fit rapidement. Ce sera grâce à elle et à David et grâce aussi à leurs talents de radiesthésistes que nous allions découvrir la technique nous permettant d'emmagasiner l'énergie au sein de la matière. Ils étaient capables de mesurer le champ énergétique d'une matière et cela allait se révéler primordiale pour le contrôle des opérations.

Nous eûmes tous les cinq de longues séances de travail, parfois de nuit. Nous n'avions plus de messages de nos Amis, mais nous demeurions confiants et savions qu'ils nous inspiraient d'une autre manière. C'est ainsi que nous découvrîmes l'un des procédés permettant d'emmagasiner l'énergie au cœur de la matière. Et nous avions, en plus des mesures effectuées par Colette et David, une preuve formelle et irréfutable, puisque le cygne, regorgeant d'énergie, se transformait en un oiseau mille fois plus beau que celui que nous avions habituellement avec la matière de base. C'est ainsi que nous découvrîmes le soufre philosophique.

Un long chemin restait cependant à parcourir, car si nous connaissions maintenant toutes les matières, nous ne maîtrisions pas toutes les opérations. Je disposais de temps, j'étais aguerri à la pratique et passais de nombreuses heures, parfois des nuits entières, à expérimenter. Mes amis disposaient aussi d'un laboratoire, mais leurs activités professionnelles les limitaient quant aux possibilités de pratiquer. Or, sans expérimentations, il est impossible de progresser ; la théorie ne peut, en aucun cas, suffire.

J'étais disposé à transmettre tout ce que je découvrais mais une initiation particulière me fit comprendre qu'il me fallait poursuivre seul le chemin. Je compris que mes amis reprendraient le leur un peu plus tard, lorsqu'ils disposeraient de plus de temps. Je ne devais, en aucune manière, les priver de la joie ressentie à la proximité du but. Quel plaisir retireraient-ils de simples recettes transmises ? Le travail alchimique est un travail sur soi qui se fait par la recherche assidue et la pratique persévérante en laboratoire et mes amis ont acquis de suffisantes connaissances pour œuvrer et mener à bien leurs travaux !

CHAPITRE 20
Mahamani, Maître divin et pierre précieuse.

Dans un précédent ouvrage, j'ai évoqué mon voyage en Iran, sur les traces du philosophe Plotin d'Alexandrie, conseiller de l'empereur Gordien et de Mani, conseiller du roi de Perse Shâpur 1er. Au cours de ce voyage, des synchronicités me firent comprendre l'importance de l'énergie au cœur de la matière. Cette énergie est à la base même de la création. Tout dans l'univers est énergie et la célèbre formule d'Einstein $E=MC^2$, confirmée hélas de bien triste manière par l'explosion de la première bombe nucléaire, apporta la preuve que la matière est aussi énergie.

Mais ce voyage fut aussi une révélation sur la vie secrète des grands initiés, d'hier et d'aujourd'hui, et des mythes qui, inévitablement, se créent autour d'eux.

Quand on étudie les textes sacrés, si semblables entre eux, malgré l'éloignement des lieux où ils ont vu le jour, on est frappé de remarquer combien certains faits décrits sont proches de la vie de notre microcosme. Et bien souvent, la vie des Maîtres ou envoyés de Dieu semble se calquer sur celle de notre pierre, lors des phases qui la conduisent à l'état de pureté parfaite. Parmi ces textes, nous avons les lois de Manou, le tao, la genèse déjà évoquée, les tablettes chaldéennes, la bible des noirs, le nouveau testament, sans oublier les papyrus égyptiens, le Talmud et le Zohar.

Il semble, comme le fait remarquer A. Volguine, qu'une loi d'analogie lie inextricablement un grand principe philosophique émanant du macrocosme et un grand principe philosophique humain, le second étant le reflet exact du premier. Ainsi pourrions-nous étudier la vie d'Isis, Osiris, Horus, Lao Tseu, Elie, Elisée, Bouddha, Jésus ou Moïse... et nous constaterions la même marche parallèle entre le soleil hermétique et les grandes phases de la vie de ces envoyés de Dieu.

Parce qu'il interpelle en moi un nom plus que prestigieux et que je considère l'être qui le porta comme mon véritable père spirituel, je vais évoquer la vie de Mani.

Au 3ème siècle de notre ère, en Babylonie, dans cette région entre Tibre et Euphrate où les légendes situent l'Eden, naquit une philosophie nouvelle qui connut une prodigieuse expansion, allant des rivages de la mer de Chine à ceux de l'Atlantique et dont les principes vivent encore de nos jours. Cette philosophie s'appelait manichéisme, du nom même de son fondateur Mani, que l'on appelait aussi Manès ou Manichée.

Cette foi manichéenne refleurit du 11ème au 13ème siècle, dans le pays d'oc, en prenant le nom de foi cathare. Et il fallut à l'église romaine plus de cinquante années d'une guerre et d'une répression sans merci pour extirper cette foi en un dieu bon, profondément ancrée dans les cœurs occitans, et recouvrir d'un voile d'obscurantisme une sagesse transcendantale.

Le mot Mani, en sanskrit, désigne une pierre précieuse, une gemme et si je lui adjoins le terme de Maha qui signifie grand, j'ai immédiatement l'évocation de notre grande pierre que l'on appelle encore rubis précieux, si cher au cœur du philosophe.

Je peux aussi rapprocher Mani du mot syriaque Mana qui signifie réceptacle ou vase, lequel évoque ce vase du salut qui, selon la légende, fut taillé dans une pierre précieuse appelée émeraude. Mais le surnom de Manichée, attribué à Mani, peut être interprété comme voulant dire « le vase qui répand la manne ». Cette manne menue et perlée qui apparaît sur le sol, permit aux enfants d'Israël de se nourrir lors de leur fuite d'Égypte pendant la traversée du désert. Si l'on se réfère à la Sainte Bible, on peut recueillir de précieuses informations au sujet de cette manne. Les cailles, qui en même temps que la manne, nourrirent aussi les fils d'Israël suggèrent, de leur côté, cette nourriture carnée qui sert à remplacer le lait de la vierge et à nourrir l'enfant devenu grand.

Mani naquit à Abrumya en l'an 527 de l'ère séleucide, c'est-à-dire le 14 avril 216. Il était perse par sa mère Maryam qui était apparentée à la dynastie régnante des Arsacides. Comme beaucoup d'élus, sa naissance fut annoncée par un ange. Mais celui-ci n'informa pas Maryam que l'enfant serait infirme. En effet Mani, à la naissance, avait la jambe droite tordue et restera boiteux. Maryam et son époux Patek étaient des adeptes de la religion de Zoroastre dans laquelle ils élevèrent leur petit garçon. Ils rallièrent ensuite la secte des Manqdé, c'est-à-dire des purs dont on appelait les membres Hallé Héwari, les vêtus de blanc. Si l'existence de Zoroastre reste douteuse, il est certain que la religion fondée en son nom exerça une immense influence. En supprimant les sacrifices coûteux et en réduisant à leur plus simple expression le culte du bœuf et du feu, elle se tourna résolument vers les humbles. Le zoroastrisme conservait l'idée d'un conflit permanent entre deux principes, le Bien et le Mal, et devait trouver son terme avec la venue d'un messie, d'un sauveur. Mani conserva cette idée au centre de son système. Il inaugura son apostolat par un voyage en Inde où il convertit un roi, puis revint en Perse où il gagna à sa cause le roi Shahpûr 1er. Mais lorsque celui-ci mourra, son successeur, Bahram 1er, fera jeter Mani en prison. Couvert de chaînes, il subira une passion de 26 jours avec une sérénité exemplaire et mourra après avoir pris le soleil à témoin de l'injustice des puissants. Son corps sera déchiré en morceaux, mais ses adeptes recueilleront pieusement ses reliques et les enseveliront à Ctésiphon.

Il est étrange de constater combien la philosophie manichéenne est proche, dans ses principes, de notre Sainte Science et ceux qui, déjà, auront pu percer quelques-uns de ses mystères, comprendront tout de suite les explications que je vais donner.

L'idée centrale de la doctrine manichéenne est la suivante : puisque Dieu est bon et que le monde est en proie au mal, le monde n'est pas l'œuvre de Dieu mais celle d'un esprit malin et toute son histoire est celle d'une lutte sans merci entre deux principes de puissance égale, le bon et le mauvais, l'esprit et la matière. Au cours de leur premier affrontement une parcelle de lumière émanée du Père de la grandeur restera prisonnière dans la création charnelle du prince des ténèbres. C'est la raison pour laquelle notre monde sera celui du mélange. Cependant, la présence en son sein de ce germe spirituel le promet au salut après qu'il soit passé par des phases d'épuration successives. Au terme de celles-ci, lumière et ténèbres, esprit et matière seront séparés, comme au commencement des temps, sans qu'une contamination de l'un par l'autre ne soit possible.

Un certain nombre d'historiens des religions tiennent pour réelle l'existence de Mani. Mais, ainsi qu'il en fut pour la vie de beaucoup d'envoyés de Dieu, certaines particularités ou caractéristiques ont été calquées sur un grand principe qui remonte à la nuit des temps et qui fait partie de cette tradition transmise au cours des siècles sous le voile caché du symbole.

Le nom même de Maryam, la mère de Mani, l'Annonciation qui lui fut faite par un ange, relèvent déjà d'un légendaire que l'on retrouve dans la vie de Jésus et de sa mère Marie. Ce caractère mythique de la vie de Mani s'affirme aussi dans sa parenté : son père est d'extraction quelconque et a fait vœu de chasteté, sa mère au contraire est de souche royale. Thème bien connu, le père de l'initié n'est pas son vrai père. Sa filiation est à la fois occulte et hors du commun puisqu'elle est surnaturelle. Il n'a qu'un père par l'esprit. C'est la raison pour laquelle sa généalogie se révèle par le côté maternel et à la faveur de traits prodigieux : conception virginale, naissance annoncée ou miraculeuse... Autant de signes de sa royauté cachée qui révéleront plus tard sa mission ou ses hauts faits.

Déjà, j'ai révélé que deux matières étaient nécessaires à l'élaboration de la pierre. L'une d'elle relève de la même conception miraculeuse et se trouve conçue par la mère primordiale sans l'intervention d'agent extérieur autre que le Feu ou Esprit Saint. Par contre, l'autre matière sera conçue d'un père terrestre.

L'infirmité congénitale de Mani se rattache aussi à un thème bien connu, celui de la boiterie initiatique qu'on retrouve chez Vulcain, chez Jacob après sa lutte avec l'ange, chez Gengis Khan... L'infériorité d'un personnage quant au pied est un signe de sa supériorité quant à la tête, à ses facultés supérieures. Nous retrouvons en notre ouvrage ces particularités où la même matière verra sa noblesse manifestée dans les parties supérieures alors que les parties inférieures constituent ce caput mortuum, inutile et sans valeur, quand la lumière s'en est allée.

Ainsi s'explique dans de nombreuses légendes relatives aux maîtres du feu des personnages présentant la même infirmité que celle de Mani.

Enfin, la mort de Mani dont le corps est déchiré en morceaux a, elle aussi, un sens mythique. Comme celui de notre prophète, le corps de l'Osiris égyptien fut partagé en morceaux. Romulus, Orphée, Dionysos, Attis, subirent un sort analogue. De nombreuses traditions reflètent cette image de la mort par déchirement.

Dans notre œuvre notre matière, avant de renaître à une seconde vie doit, elle aussi, subir le même sort. Elle doit être broyée, mise en lambeaux. Et ce n'est qu'en procédant ainsi que l'heureux élu pourra parachever l'œuvre et manifester toute la puissance que notre pierre aura pu acquérir de son premier parcours.

Les manichéens essaimèrent jusqu'en Égypte et en Afrique du nord où ils rallièrent à leur foi Saint Augustin, pénétrèrent en Asie centrale où ils convertirent l'immense empire Ouigour, poussèrent jusqu'en Chine où ils resteront actifs jusqu'au 15ème siècle, prirent pied dans la Rome des derniers Césars puis, sous le nom de Bogomils (amis de Dieu) gagnèrent à leur foi, dans les débuts du moyen âge, bulgares et dalmates. Mais la Rome impériale, celle des papes, les empires arabe et mongol persécutèrent tant et si bien les manichéens que leur survie tient du miracle. Selon H. Ch. Puech, la foi manichéenne existerait encore de nos jours parmi ceux qui se nomment : Chrétiens de Saint Jean. Et nous savons que cet apôtre est le père de l'église ésotérique et secrète, celle qui fut chargée de transmettre la connaissance de la tradition et de guider ceux qui, dûment préparés, sont disposés à emprunter l'un des sentiers qui peuvent les conduire au sommet de la montagne.

CHAPITRE 21
La voie sèche.

Les travaux alchimiques ne se pratiquent pas toute l'année. Il est nécessaire d'effectuer des poses et de laisser le temps s'écouler afin d'assimiler les opérations, réfléchir aux résultats et préparer les prochaines expériences.

En ce début du mois de mars si froid, il fait bon œuvrer près des fourneaux. J'ai repris les travaux depuis janvier et découvert, à la fin de la coction, parmi les fèces, un signe qui donne la preuve que la matière se purifie. Mais je ne sais pas encore si je réussirai à atteindre un niveau de suffisante pureté pour qu'elle manifeste les caractéristiques bien connues des alchimistes et que j'obtienne la seule preuve irréfutable : la transmutation du mercure et du plomb en or ou en argent.

J'entre dans ma 42ème année de recherche et si je ressens maintenant une certaine lassitude, je dois néanmoins poursuivre le chemin.

Siméon, Zacharie et Nicodème ont fait tout ce qui était en leur pouvoir pour nous guider et nous encourager, mais ils sont aujourd'hui silencieux. J'ai reçu, voici quelque temps déjà, par l'intermédiaire de Marie, un dernier message de Zacharie, trop personnel pour que je puisse en parler. Il constitue un formidable encouragement à poursuivre, malgré la lassitude qui me pèse. Personne, dans mon entourage ou parmi mes amis n'est en mesure de comprendre mes travaux et je dois décider seul comment je les orienterai, dès la fin de cette année.

J'ai pratiqué jusqu'à ce jour la voie humide, reconnaissant pas à pas chacune de ses étapes. Après la découverte de la matière première, j'ai fabriqué le sel, et en dernier le soufre philosophique. Celui-ci peut être produit selon différentes méthodes, mais celle conseillée par Siméon, me semble la plus adéquate et la plus sûre. Dès que j'ai été en possession des trois matières, le sel, le soufre philosophique et le mercure, j'ai procédé à l'élaboration de la pierre. La technique est d'une extrême simplicité : il suffit d'unir ces matières, puis de les dissocier, en recommençant jusqu'à la perfection. Bien sûr, il faut éliminer les impuretés au cours de chaque cycle.

Mais je préciserai, en concordance avec les textes alchimiques, qu'il faut élaborer d'abord le dissolvant universel ou Alkaest puis dissoudre le soufre préalablement réduit en poudre. Cette opération, appelée aigles ou sublimations, fournit le mercure philosophique sous la forme d'un liquide gras et onctueux. Ce mercure se transforme au cours d'une longue coction. Il faut ensuite couper la tête au corbeau, puis laisser reposer la matière qui devient comme une vase verdâtre. Cette vase doit être lavée à l'aide d'une eau qui ne mouille pas les mains. Ces bains de Naaman ou ces lavures blanchissent le laiton que l'on nourrit ensuite avec le sang du dragon.

Voici, en quelques phrases, résumé le cycle complet de la voie humide. Comme je l'ai dit précédemment, un indice découvert au cœur de la matière, m'apporta la preuve que la matière se purifiait. Mais la purification obtenue n'était pas suffisante et je disposais d'une quantité de matière trop faible pour poursuivre le cycle opératoire.

Mais pourquoi poursuivre une voie si longue et si fastidieuse, alors qu'il existe une autre possibilité évoquée par de nombreux alchimistes ?

Fulcanelli parle de deux voies, la voie sèche et la voie humide. A la page 140 du Mystère des cathédrales, il précise :

« Peu d'alchimistes consentent à admettre la possibilité de deux voies, l'une courte et facile, nommée voie sèche, l'autre plus longue et plus ingrate, dite voie humide. Cela peut tenir à ce fait que beaucoup d'auteurs traitent exclusivement du procédé le plus long, soit parce qu'ils ignorent l'autre, soit parce qu'ils préfèrent garder le silence plutôt qu'en enseigner les principes. »

Cyliani, dans la préface d'Hermès dévoilé, relate les deux procédés en ces termes :

« Je crois prévenir ici de ne jamais oublier qu'il ne faut que deux matières de même origine, l'une volatile, l'autre fixe ; qu'il y a deux voies, la voie sèche et la voie humide. Je suis cette dernière, de préférence, par devoir, quoique la première me soit très familière : elle se fait avec une matière unique. »

Eyrénée Philalèthe, dans l'entrée ouverte au palais fermé du roi parle de cette « voie rare et facile que Dieu a réservée pour ses pauvres dédaignés et saints méprisés », et précise : « la production de notre or se réalise en sept mois selon cette voie tandis qu'il faut un an et demi, sinon deux pour le trouver dans la seconde. ». Puis, il ajoute, à la page 135 : « Si tu peux mener à bien l'œuvre à partir du seul Mercure, tu auras trouvé l'œuvre le plus précieux de tous. Dans cet œuvre, il n'y a rien de superflu ; tout, grâce au Dieu vivant, se transforme en pureté, parce que l'action se fait sur un seul sujet. »

Voici de nombreux textes qui semblent accréditer la thèse d'une voie plus risquée, plus dangereuse, mais aussi beaucoup plus simple et surtout plus rapide.

Bien sûr, cette voie brève ne peut être empruntée que par un opérateur qui a préalablement maîtrisé les opérations de la voie humide. Voici ce que Fulcanelli exprime à la page 162 du tome II des demeures philosophales :

« Mais à l'inverse de la voie humide, dont les ustensiles de verre permettent le contrôle facile et l'observation juste, la voie sèche ne peut éclairer l'opérateur, à quelque moment qu'il en soit du travail. Aussi, quoique le facteur temps, réduit au minimum, constitue un avantage sérieux dans la pratique de l'ars brevis, en revanche, la nécessité des hautes températures présente le grave inconvénient d'une incertitude absolue quant à la marche de l'opération. »

CHAPITRE 22
Suite de la quête alchimique.

Je garde en mémoire ce jour du printemps 1978 où mon ami Jean arriva à la maison avec ce beau sel vert qu'il croyait être l'émeraude des philosophes. Bien des années sont passées. Dans quelques mois, je bouclerai mes 42 années de recherche, à la quête de ce qui peut sembler, pour certains, une grande illusion. Il faut beaucoup de foi, de ténacité et de persévérance pour poursuivre durant de si longues années une recherche dont on ne sait jamais si elle aboutira. Et lorsque j'écris ces lignes, je ne sais toujours pas si j'irai jusqu'au bout du chemin. J'aurais pu abandonner cette quête mais je n'ai pas faibli et j'ai tenu bon, malgré les épreuves de la vie.

Les semaines se sont écoulées si rapidement que le printemps proche transmet déjà son énergie à toute la nature qui explose en une symphonie de couleurs et, comme le phénix, renaît des cendres de l'hiver. J'ai obtenu, en pratiquant la voie sèche, la preuve, comme dans la voie humide, que la matière se purifiait. Mais ma terre n'a pas supporté une température précocement élevée. J'ai effectué, depuis ce résultat, d'autres essais et obtenu les preuves les plus encourageantes. J'irai jusqu'au bout du chemin. Peu importe que ce soit aujourd'hui, dans une année ou dans dix ans. L'important demeure ce que nous vivrons dans les années qui viennent, cet « après » dont je souhaite vous entretenir dans le prochain chapitre.

CHAPITRE 23
Le plan neutre et les autres dimensions.

Je savais, dès le début de l'aventure, qu'il me faudrait franchir certaines étapes et que la découverte de la pierre philosophale n'était pas l'essentiel. Le plus important demeure le travail effectué sur soi, grâce à la voie du cœur. Ce travail permettra de découvrir et de connaître, un jour, ces autres dimensions avec lesquelles nous pourrons échanger. Voilà pourquoi j'ai tant insisté sur cette voie et sur les temps exceptionnels que nous vivons car l'aventure est proposée à tous. Je garde le souvenir de ce que nous disait l'un des « Aigles d'Héliopolis » :

- Votre rôle est, et sera, de donner une forme perceptible au plus grand nombre, de cette science dont la transcommunication est un élément. Il s'agit en fait d'ouvrir et d'accomplir régulièrement l'échange et la communication entre différents plans de l'univers. Cela est une nécessité aujourd'hui. Elle deviendra usuelle dans le futur. Votre rôle est de contribuer, en vivant cette expérience, en en gardant la mémoire, à ce que d'autres puissent emprunter ce chemin.

En écrivant « UN AUTRE MONDE », puis les deux ouvrages « LES PLUS GRANDS SECRETS DU MONDE », j'ai voulu répondre à cette demande et faire comprendre qu'il existe d'autres plans d'existence que nous pouvons rejoindre pour nous libérer de nos contraintes.

Il me rappelle aussi cette réponse de Siméon, donnée lors d'un entretien sur l'alchimie où il précisait que le succès de notre expérience et de nos travaux n'étaient pas garantis et que d'autres poursuivaient les mêmes objectifs que les nôtres :

- Nous sommes tous les maillons d'une immense chaîne de connaissance qui remonte à la nuit des temps. Elle ne doit jamais être rompue. L'opportunité vous est donnée de vous intégrer dans cette chaîne. Si vous ne le faites pas, d'autres le feront. Mais ce serait dommage...

Nous aurions pu certainement atteindre le but plus rapidement, en groupe ou tout au moins à plusieurs, mais les événements et le libre arbitre de chacun ne l'ont pas permis. Peut-être aurons-nous à vivre, ensemble, d'autres aventures, d'autres découvertes. Peut-être aurons-nous l'autorisation de vous les raconter, dans d'autres ouvrages. Peut-être découvrirons-nous des êtres qui ont su dépasser les problèmes de la troisième dimension et construire une civilisation fraternelle, empreinte de la paix et de l'amour du Grand Constructeur qui sont les seules réalités auxquelles nous devrions aspirer...

Nous avons appris, grâce à cette expérience, que si nous accordons notre vie sur les principes divins d'amour, de paix et de fraternité, si nous démontrons notre capacité à tenir bon contre vents et marées, alors nous entrons dans une fraternité de cœur qui nous permet de savoir que, malgré nos apparentes différences, nous sommes tous les enfants d'un même Père et, par conséquence, des frères et sœurs sur le chemin de la reconnaissance de soi.

CHAPITRE 24
La voie du cinabre.

Certains chercheurs qui se sont engagés dans la voie du cinabre ne pourront croire ce que je révèle en cet ouvrage, car ils comprendront très vite que ce n'est pas la voie qu'ils ont choisie et en laquelle ils espèrent. J'aimerais pourtant exprimer quelques mots à leur égard. Je ne sais si cette voie, qui semble avoir été empruntée par Monseigneur Caro, est en mesure de conduire au succès. Cela est possible si l'on en croit Fulcanelli qui dit, dans les demeures philosophales :

« Les techniques alchimiques ne sont pas la panacée d'une seule matière. Appliquées sur d'autres corps que ceux habituellement réservés à l'œuvre minérale, elles fournissent, dans les mêmes conditions, autant de résultats imprévus, de substances douées de qualité surprenantes ». Il précise aussi que « les innombrables propriétés attribuées en bloc par les philosophes à la seule pierre philosophale, appartiennent chacune aux substances inconnues, obtenues en partant de matériaux et de corps chimiques, mais traités selon la technique secrète de notre magistère ».

Bien sûr, je suis incapable de dire si le cinabre traité selon les techniques alchimiques, est en mesure de fournir une médecine efficace. Mais je sais que Monseigneur Caro n'est jamais parvenu à produire une médecine capable de remédier à ses problèmes de santé.

Par contre, la voie empruntée par Fulcanelli conduit au succès. Il l'exprime avec une suffisante clarté pour que l'étudiant studieux ne doute pas du métal sur lequel il doit travailler.

Cette voie est d'ailleurs en totale et en parfaite harmonie avec la voie du cœur. Vous le comprendrez, lorsque vous réussirez, comme Fulcanelli, à produire cette merveille des merveilles, la seule et unique médecine universelle.

CHAPITRE 25
Les templiers et l'Alchimie

Aussi loin que ma mémoire remonte, l'histoire des templiers me passionnait. J'étais admiratif de ces hommes qui abandonnaient tout ce qu'ils possédaient pour entrer dans un ordre chevaleresque afin de protéger les pèlerins sur les chemins qui les conduisaient au tombeau du Christ. A un âge plus avancé, j'ai recherché ce qu'étaient devenues les connaissances acquises par les templiers grâce à leurs longs contacts avec les initiés arabes. Après la mort du grand Maître, Jacques de Molay, et la confiscation des biens de cet ordre par le roi Philippe le Bel, certains chevaliers se réfugièrent dans des pays étrangers proches de la France.

Dans les années 90 j'ai participé à un voyage au Portugal sur les traces de ceux qui trouvèrent refuge dans ce pays et y laissèrent leur empreinte. Nous étions une trentaine, accompagnés par un autre « Grand Maître », aujourd'hui décédé, qui dirigeait à l'époque un ordre initiatique qui perpétue les hautes valeurs spirituelles du Temple. Un jour, alors que je me trouvais à table, près de lui, je lui demandais s'il savait si les templiers détenaient le secret de la pierre philosophale. Non seulement ils la détenaient, me répondit-il, mais je puis assurer que trois templiers étaient chargés de le maintenir et de le perpétuer. Je n'eus pas la présence d'esprit de lui demander si cette connaissance avait été préservée ou si elle s'était perdue après la persécution et la disparition des templiers. Aussi cette question demeura-t-elle en suspens durant de longues années jusqu'au jour où, par hasard, un couple d'amis me prêta un ouvrage portant le titre de « Légenda des Farc », et j'eus la réponse :

Selon cet ouvrage, la connaissance alchimique se serait perpétuée depuis cette époque jusqu'à nos jours, par l'intermédiaire d'un ordre secret, dont les membres fondateurs étaient d'anciens miliciens, des sénéchaux et Grands Prieurs qui possédaient tous l'enseignement secret appris par les templiers au temps de Saladin. La « Légenda » publie 115 parchemins qui fournissent la preuve de la filiation directe de l'ordre des FARC à l'ordre du Temple. L'ordre ne remonte pas au Temple de Salomon, ni à Thoutmès III, mais sa présence est démontrée par ces 115 parchemins munis de leurs sceaux d'origine, s'étalant de 1317 à nos jours. A la mort de Jacques de Molay et après la dissolution du temple en 1314, les templiers furent persécutés, emprisonnés. Beaucoup furent capturés, mais certains trouvèrent refuge dans des ordres religieux en Espagne, Portugal, Allemagne et Angleterre. La poignée de chevaliers qui débarqua en Angleterre se réfugia à la commanderie de Londres dans un premier temps, puis, devant les vues du roi d'Angleterre pour faire main basse sur leurs biens, en Écosse où ils furent chaleureusement accueillis.

En 1316, Guidon de Montanor et Gaston de la pierre Phœbus convainquirent 25 de leurs compagnons de rentrer en France. Ils décidèrent de prendre la dénomination de Frères Aînés de la Rose Croix, avec pour unique mission de perpétuer la philosophie alchimique dont la connaissance intégrale était alors détenue par l'un d'eux.

Je ne parlerai pas de l'histoire du temple, connue de tous, des 9 chevaliers partis défendre les pèlerins de la cruauté des barbares, du synode de 1128 à Troyes en champagne, où Hugues de Payns reçut de Saint Bernard la règle du temple, mais de l'histoire secrète, peu connue de la majorité des chercheurs. Dès le début de leur installation en Palestine, en 1118, Hugues de Payns et Geoffroy de Saint Aumer incitèrent le roi de Jérusalem Baudoin II à pactiser avec l'ismaélien Aboul-Fewa. D'autre part, des échanges eurent lieu avec un kurde valeureux, bon, généreux, protecteur des pauvres des veuves et des orphelins, du nom de Saladin. On en était alors bien loin des dissentiments qui donnèrent naissance à la première croisade. La croix et le croissant étaient prêts à pactiser. Ces contacts durèrent secrètement jusqu'au XIVème siècle. Témoin, le bienheureux Raymond Lulle qui fut vénéré des orientaux. Ce scolastique franciscain fréquentait les musulmans et reçut l'influence des Soufis et voulut, en dehors des dogmes, rapprocher les deux religions. Ces relations secrètes permettent de comprendre comment certaines connaissances secrètes, en particulier alchimiques, purent être transmises à de valeureux chevaliers du temple, puis après la disparition de l'ordre, au sein d'une organisation plus secrète encore dont nous allons apprendre la genèse et le développement.

Nous retrouvons donc nos compagnons chevaliers en Écosse où, en quelques semaines, Guy de Montanor parachèvera la formation de Pierre Phœbus sur le plan de la connaissance alchimique et recrutera 20 chevaliers triés sur le volet. Très religieux de sentiments, mais indignés dans leur cœur par l'attitude qu'avait eu Clément V à l'égard du temple, leur premier soin est de créer une Église à eux où sera respecté le même rite, mais la hiérarchie s'arrêtera aux cardinaux. Donc, plus de Pape ! Ainsi naît « l'église templière ». Deux prieurs templiers célèbrent journellement la sainte messe. Mais nos compagnons, maintenant au nombre de 28, languissent de revoir la terre de France. Le 17 novembre

1316, ils sollicitent en Avignon, une entrevue de sa Sainteté le pape Jean XXII. L'entretien est assez froid et leur sécurité paraît bien précaire, lorsque, en énonçant le nom d'Arnaud de Villanova, fameux médecin enseignant l'alchimie à Barcelone, l'attitude du pape change. Convaincu que ces nobles gentilshommes détiennent le secret des secrets, Jean XXII est soudainement tout sourire. Il leur propose de se mettre en fraternité avec pour seule mission de perpétuer cette philosophie divine. Il loge les chevaliers dans son propre palais, leur assure le gîte et le couvert... en contrepartie de quoi, Guy de Montanor l'éclairera sur la Science.

Le 2 décembre, le nom du nouvel ordre est entériné, ce sera celui proposé par les chevaliers : Ordre des « Frères Aînés de la Rose Croix ». Le recteur des hospitaliers est chargé, à la demande du pape, de rédiger la règle du nouvel ordre. Jean XXII souhaite faire ôter la clause traitant de l'église templière, c'est à dire d'une église sans pape. Mais devant l'insistance des templiers pour conserver leur culte, le Saint Père emploie la ruse et impose son propre neveu, Jacques de Via, comme premier Impérator de l'ordre des FARC, et demande que le chef de la nouvelle fraternité dispose de tous les pouvoirs. Le pape semble avoir gagné la partie en imposant son neveu comme Impérator, ainsi que la règle des pleins pouvoirs. Mais ce que le pape a imposé, fait, accepté et béni va se retourner contre lui, car le 6 mai 1317 Jacques de Via meurt assassiné. Le pape réagit pour pouvoir remettre la main sur cet ordre qui lui tient tant à cœur, mais lorsqu'il nomme Arnaud de Via, frère de Jacques, comme nouvel Impérator, un certain nombre de mois se sont écoulés. Côté FARC, le charme pontifical étant rompu, tous les membres du grand conseil se sont réunis comme le veulent les statuts de leur règle et ils ont élu Guidon de Montanor comme nouvel Impérator. Le pape s'incline devant des textes qu'il a lui-même fait adopter... La mainmise du pape sur la nouvelle organisation se trouve caduque, mais les liens des FARC avec l'église apostolique sont maintenus. La règle de l'ordre ne porte-t-elle pas les sceaux de Jacques de Via et du recteur des hospitaliers de Pont Saint Esprit ? N'a-t-elle point eu l'approbation et la bénédiction du Saint Père ?

Le 26 juillet 1333, le conseil suprême des FARC se réunit en séance solennelle dans la vaste salle d'honneur de la commanderie templière de Montfort sur Argens. Chaque membre fait le serment solennel de garder secret tout ce qui touche à l'ordre et de ne donner l'investiture à des frères qu'après les avoir éprouvés, non à la manière des écoles égyptiennes ou grecques, mais dans leurs comportements journaliers. Les grands tests sont : la charité, l'altruisme, le dévouement, la fidélité... et par-dessus tout, être capable de garder un secret. L'ordre prend vie. Il se perpétuera secrètement jusqu'à nos jours où il est dirigé par le 59ème Impérator. Le nombre de ses membres a été maintenu de manière constante à 33.

Il est intéressant de savoir pourquoi un ordre si secret s'est fait connaître dans les années 1970, en publiant la « Légenda des FARC », ainsi qu'un certain nombre d'écrits alchimiques particulièrement intéressants pour les chercheurs. La raison est que l'article 42 de la règle de 1317 stipule le passage suivant : « Tout voile devra tomber lorsque les temps seront venus, qu'il y aura des prodiges dans les cieux et les astres du fait d'hommes doctes et savants, qu'il y aura des révoltes et des guerres, qu'il y aura des paroles trahies, qu'il y aura des cataclysmes et beaucoup de misères. Et qu'il n'y aura plus que quatre papes à venir d'après notre docte évêque Malachie, l'irlandais ». Nul ne peut nier que l'homme réalisa dans les années 70 des prodiges dans les cieux en envoyant des satellites sur la lune, mars ou vénus. Les révoltes, guerres, émeutes et cataclysmes ont toujours eu lieu et ne peuvent justifier à eux seuls l'application de l'article. Mais pour les quatre papes restant à venir, Saint Malachie est très précis. Nous savons que Paul VI, désigné comme la fleur des fleurs, le lys, a été le seul cardinal à posséder dans ses armes une fleur de lys lors de son élection au pontificat. Or, après le lys, il ne reste que 4 souverains pontifes avant que la terre ne subisse le grand assaut de la nature qui détruira une grande partie de notre globe. L'ordre a donc estimé que les temps décrits dans leur règle concernaient les temps présents et que, dès lors, rien n'empêchait d'ouvrir les portes du temple et de faire tomber les voiles. Ne pouvant, hélas, sauver les hommes malgré eux, les Frères estiment qu'en plaçant la philosophie hermétique à la portée des vrais chercheurs, ils prodiguent un enseignement qui sera utile pour les rescapés du grand bouleversement terrestre.

Précisons que la philosophie alchimique ne veut pas uniquement dire transmutation. Le processus opératoire permet avant tout d'expliquer toute vérité qu'elle soit humaine, cosmique, religieuse ou métaphysique. Précisons aussi que les FARC n'ont jamais prétendu être les seuls à posséder le secret des secrets. Ils constituent la continuité des connaissances alchimiques secrètes au sein du temple et de l'église catholique. Mais d'autres ordres au sein du Judaïsme, de l'Islam et même au sein d'un ordre laïque, issu de Saint Germain, perpétuent aussi cette connaissance.

Les Frères chevaliers d'Héliopolis, qui nous assistèrent si efficacement tout au long de nos recherches, appartiennent à cet ordre laïc. Je leur dédie cet ouvrage et leur rend hommage pour l'aide qu'ils nous apportèrent. Elle fut un grand encouragement à persévérer malgré les nombreuses impasses dans lesquelles nous nous sommes bien souvent fourvoyés.

CHAPITRE 26
Les transmutations.

La littérature alchimique présente de nombreux récits relatifs à la transmutation métallique, du plomb ou du mercure en or. Après avoir opéré seul une première transmutation, Cyliani renouvelle l'opération en présence de son épouse afin de la convaincre que ses 37 années de longs et pénibles travaux qui valurent à sa famille beaucoup de malheurs ne le furent pas en vain. Voici ce que cet alchimiste renommé raconte dans « Hermès dévoilé » : « Je pris un verre de montre et mis dedans une petite quantité de mercure coulant du commerce qui avait été distillé, qui était pur et que je venais d'acheter. Je mis dessus, non de mon soufre transmutatoire à l'état de poudre, mais à l'état d'huile, dans une proportion d'une partie sur cent et remuais mon verre de manière à donner à l'huile un mouvement circulaire. Nous vîmes avec joie le mercure offrir un phénomène bien curieux et se coaguler avec la couleur du plus bel or. Je n'avais plus qu'à le fondre dans un creuset et le couler. Je fis ainsi la transmutation à froid, au grand étonnement de ma femme. »

La transmutation la plus célèbre, celle qui est rapportée par Jacques Bergier dans « le matin des magiciens » eut lieu à l'usine à gaz de Sarcelles. Elle fut réalisée par Eugène Canseliet, selon les instructions de Fulcanelli, en présence de Julien Champagne et de Gaston Sauvage. C'était en 1922. Fulcanelli avait sorti de sa poche un petit étui d'où il avait extrait trois petits fragments de poudre de projection avant de les remettre à Canseliet. La transmutation eut lieu dans la pièce du premier étage de l'appartement où résidait Canseliet, juste devant la salle des épurateurs, dans la cheminée même qui servait au chauffage. Ces informations furent données par l'élève de Fulcanelli à Robert Amadou qui les rapporta dans son ouvrage « Le feu du soleil ».

Dans « La légenda des FARC », Monseigneur Caro publie le procès-verbal d'une expérience alchimique réalisée le 22 novembre 1957 en présence de plusieurs de ses amis, expérience ayant conduit à la production d'une petite quantité d'or à partir d'un fil de plomb. La poudre, de faible puissance, car multipliée une seule fois, leur avait été remise par un frère aîné de la rose croix qui voulait les convaincre de la réalité de la pierre philosophale. La poudre avait été divisée en six parties et l'expérience de transmutation fut renouvelée plusieurs fois.

Transmutations biologiques.

En biologie, Louis-Nicolas Vauquelin observa, en 1799, qu'une poule nourrie d'avoine avec très peu de calcium en produit suffisamment pour former une coquille d'œuf dure. Corentin Louis Kervran fit une observation similaire en observant que les poules dans un environnement faible en calcium picoraient des graines de mica. Il émit l'hypothèse que cela serait due à une transformation du silicium en calcium, donnant ainsi naissance au champ de recherche de la transmutation biologique. En 1993, Kervran reçoit le prix parodique Nobel de physique pour sa conclusion que le calcium des coquilles d'œufs de poule est créé par un processus de transmutation à froid.

Le prix parodique Nobel est décerné à des personnes dont les « découvertes » ou les «

accomplissements » peuvent apparaître bizarres, drôles ou absurdes. Les prix sont destinés à honorer l'imagination et stimuler l'intérêt pour l'insolite dans les sciences, la médecine et la technologie.

Ainsi est-il possible de noter l'intérêt pour les transmutations à froid de ceux qui sont chargés de décerner le prix Nobel.

A noter que, du point de vue théorique, il suffit que 6 protons du calcium se transforment en neutrons pour que ce calcium devienne du silicium 40 qui se transmute rapidement en l'un des atomes stables du silicium.

Transmutations par les physiciens.

Nos scientifiques sont parvenus à effectuer la transmutation du mercure en or.

Avec le développement d'accélérateurs de particules toujours plus puissants, il est devenu courant de transmuter des éléments. Il ne s'agit plus d'alchimie, mais de physique nucléaire permettant de modifier la structure d'un atome pour en donner un autre.

L'atome le plus proche de l'or est celui du mercure. Un atome d'or est composé de 79 protons et de 80 pour le mercure. La finalité est de transformer l'un des protons de l'atome de mercure, en neutron pour le transformer en or.

Une première expérience fut réalisée en 1941 par Sherr et Bainbridge.

Au début des années 2000, l'Institut de physique de Berlin parvint à une transmutation en bombardant le mercure par des particules au travers d'un champ électrique de 30 000 volts. Le résultat fut la production d'une infime quantité d'or.

Cette expérience fut renouvelée avec succès en 2015 au laboratoire d'Oak Ridge aux États-Unis. Là encore, les chercheurs indiquent que la transformation du mercure en or était possible, mais que l'accélérateur de particules devrait fonctionner près d'un an pour produire seulement 1 gramme d'or.

Quand le mercure 198 est irradié par des rayons gamma à haute énergie, il se forme son isotope 197, qui se transforme par isomérie en or 197, en un temps de 2,7 jours.

A l'inverse, il est possible de transmuter l'or en mercure, cette fois par l'intermédiaire d'un bombardement de neutrons.

Quand l'or naturel 197 est irradié par des neutrons, l'isotope 198 de l'or se forme dans un état excité qui émet un rayonnement gamma pour se retrouver dans l'état fondamental de l'or 198. L'isotope 198 de l'or est un émetteur bêta qui se désintègre en l'isotope 198 du mercure.

Dans la transmutation du mercure en or, nous sommes dans le cadre de la radio activité bêta où un neutron se transforme en un proton avec émission d'un électron et d'un anti-neutrino.

Transmutation par les Alchimistes.

La transmutation que font les Alchimistes demande moins de temps et n'utilise pas le même processus.

Le mercure 198 comprend 80 protons et 118 neutrons, et l'or 197, 79 protons et 118 neutrons.

Les Alchimistes n'enlèvent pas de neutrons au noyau sous l'action d'un rayonnement. Ils envoient au cœur du noyau du mercure des micro-électrons qu'ils ont concentrés dans leur poudre de projection laquelle, lorsqu'elle se désagrège, projette ces particules au cœur des atomes de mercure. Celles-ci transforment l'un des protons du mercure en un neutron. Ainsi le mercure se transforme-t-il en l'un des isotopes de l'or ayant 79 protons et 119 neutrons. Cet isotope de l'or étant instable, il se transforme en or 197 stable par désintégration de l'un de ses neutrons, en un temps très court.

Il est utile, lors d'une transmutation, de se protéger par une plaque de plomb, afin d'éviter la radioactivité bêta qui pourrait résulter de la transformation de l'or 198 en or 197.

La transmutation artificielle du plomb en or, bien que possible par nos actuels moyens scientifiques, reste complexe et nécessite de nombreuses étapes.

Par contre, pour les Alchimistes, une seule étape : la projection d'un flux de micro-électrons au cœur des atomes de plomb par la désintégration de leur poudre de projection dans le bain en fusion.

La chaîne de désintégration du plomb en or passe par le thallium et le mercure. Sous l'action du bombardement des micro-électrons libérés par la poudre de projection, le plomb se transforme en or en un temps d'environ 15 minutes. Ce temps fut rapporté par certains Alchimistes.

Je signalerai un curieux phénomène qui se produit lorsque la transmutation s'effectue de nuit : les micro-électrons libérés par la poudre de projection au sein du bain en fusion provoque la transmutation du plomb en or, comme nous venons de le voir, mais les micro-électrons qui ne participent pas à la transmutation, libérés dans l'espace, produisent un phénomène comparable à une aurore boréale. J'informe donc mes Frères et Sœurs qui réussiront le Grand Œuvre dans le futur, d'effectuer leurs transmutations de jour s'ils veulent demeurer dans la discrétion qui se doit.

Malgré les révélations de cet ouvrage, je ne suis pas certain que le monde scientifique acceptera la réalité des transmutations selon le principe des micro-électrons, et validera les hypothèses sur le milieu cosmique explicitées dans mes ouvrages. Il me semble pourtant avoir apporté de suffisantes preuves de la réalité de ces microparticules, permettant d'expliquer les transmutations que les alchimistes ont expérimentées, mais aussi d'autres transmutations à froid comme celles qui se produisent dans le générateur Rossi.

La transmutation n'est pas une finalité pour les Alchimistes, elle est seulement la preuve de l'efficacité de la médecine universelle qui demeure le but de leurs travaux. Grâce à elle ils ont une solution à toutes les maladies, même incurables, et cette médecine est en mesure de leur accorder une longévité accrue, ce qu'aucune autre matière ne saurait faire. Il leur faut, cependant, user de cette médecine avec prudence car le rajeunissement ne peut se produire en une journée. Il faut plusieurs années pour parvenir à un rajeunissement sensible.

CHAPITRE 27
La médecine universelle.

Comme je l'ai répété dans cet ouvrage, le but de l'alchimiste n'est pas de faire de l'or. La transmutation a pour objectif de prouver que la matière dispose d'un suffisant degré de pureté pour être employée comme médecine universelle.

L'alchimiste recherche en priorité sa propre transformation. Aussi conduit-il parallèlement à ses recherches cette voie du cœur sur laquelle j'ai beaucoup insisté. C'est en pratiquant cette voie qu'il peut être reconnu comme adepte de la Sainte Science et être aidé par ceux qui ont réussi avant lui. Sans cette aide, le chercheur ne peut espérer parvenir au terme de ses recherches. S'il y parvient, il dispose alors du trésor des trésors, de cette médecine qui lui permet d'acquérir une santé parfaite et lui ouvre des portes inconnues de la majorité des humains.

Voici ce qu'exprime Cyliani sur les effets de la médecine, dans la préface de « Hermès dévoilé » :

« La médecine universelle est un sel magnétique servant d'enveloppe à une force étrangère qui est la vie universelle. Aussitôt que ce sel est dans l'estomac, il pénètre tout le corps jusqu'aux dernières voies, en régénérant toutes les parties, provoque une crise naturelle suivie d'abondantes sueurs, purifie le sang ainsi que le corps, fortifie ce dernier au lieu de l'affaiblir, dissolvant et chassant par la transpiration toutes les matières morbifiques qui contrarient le jeu de la vie et ses courants. Ce sel fait aussi disparaître par sa qualité froide toutes espèces d'inflammations, pendant que la force étrangère de ce même sel se répand dans les principaux organes de la vie, s'y détermine en les vivifiant. Voici l'effet de la médecine universelle qui guérit radicalement toutes les infirmités qui affectent l'homme dans le cours de sa vie et lui fait parcourir en bonne santé plusieurs siècles, à moins que Dieu en ait ordonné différemment par son organisation... Nulle maladie ne résiste à son action comme je m'en suis convaincu en rendant la vie à des malades abandonnés par la médecine. »

La longévité acquise par certains alchimistes comme le Comte de Saint Germain, est-elle un mythe ou une réalité ? Les témoignages capables de certifier cette longévité ne sont pas nombreux, mais je connais celui d'Eugène Canseliet qui fut l'élève de Fulcanelli. Canseliet était un homme digne de foi. Lorsqu'il raconte avoir revu son Maître en 1952 et affirme que celui-ci paraissait avoir le même âge que lui, c'est à dire 53 ans, je ne puis que le croire. Fulcanelli avait alors 113 ans ! Et lorsqu'il affirme qu'il existe une société sur la terre, une catégorie d'individus qui vivent sur un autre plan que le nôtre, je ne puis que le croire aussi, puisque nous avons été nous-mêmes en contact avec trois Frères chevaliers d'Héliopolis qui nous ont affirmé vivre sur un plan différent du nôtre. Ils nous ont affirmé qu'il était possible de les rejoindre par l'intermédiaire d'une porte de passage. Je vous invite à lire ou relire mon autre ouvrage, le tome 2 des « plus grands secrets du monde » qui donne des informations au sujet des plans parallèles à notre dimension et des portes de passage, fixes ou aléatoires, qui permettent de passer d'un plan à un autre.

CHAPITRE 28
Épilogue de la voie alchimique.

A vous, Frères, que le destin conduira sur le sentier de la Sainte Science,

N'oubliez pas l'émeraude magique,

Celle que l'on appelle rosée !

Éliminez d'elle les noires impuretés !

Purifiez-la, blanchissez-la !

Vous en ferez le sang du Christ qui régénère et sauve.

Cherchez et vous trouverez le plus beau joyau de ce monde, au service du Christ-Roi. Et gardez-vous des biens temporels et de l'inutile puissance d'illusion qu'ils engendrent.

CHAPITRE 29
Un diamant, au centre de notre cœur !

Plus de quarante années de recherches alchimiques m'ont permis de découvrir la nature de la pierre philosophale, mais il me faut, en toute humilité, reconnaître que je n'ai pas réussi à atteindre le degré de suffisante pureté qui permet de transformer celle-ci en médecine universelle et élixir de longue vie.

J'ai cependant découvert un autre trésor, un diamant caché qui, lorsqu'il est activé, permet d'obtenir les mêmes effets que la médecine universelle, une santé parfaite ainsi qu'un allongement durable du cours de notre vie. Les techniques liées à la voie du cœur permettent d'activer ce diamant résidant au centre de notre cœur et de réactiver en nous les attributs divins que nous avons abandonnés.

Nous devons comprendre que nous sommes des créateurs et, qu'à ce titre, nous créons par la pensée. Durant de longs siècles, nous avons créé, sans nous en rendre compte, les chaînes qui nous ont ancrés dans la troisième dimension où nous vivons la souffrance et participons parfois à de douloureuses expériences. Mais, en tant que créateurs, nous pouvons inverser le processus en utilisant, cette fois, notre pensée pour construire un autre monde, un autre environnement dans lequel nous pouvons nous épanouir et retrouver la joie de vivre. Pour cela, nous devons changer le regard, le sentiment que nous avons sur le monde et sur nous-mêmes.

Je prendrai un exemple simple, mais d'une brûlante actualité. Nous venons de vivre des semaines de confinement lié aux attaques d'un virus qui s'est répandu sur toute la planète. De grands professeurs en médecine, lié à la recherche, ont affirmé que ce virus avait le même génome que celui du sida et qu'il résultait donc de manipulations génétiques. Nous avons appris que nos gouvernants avaient vendu, comme ils vendent des armes, une technologie liée à ces manipulations génétiques. Ces mêmes gouvernants ont subitement interdit l'utilisation de médicaments et de plantes susceptibles de soigner et de guérir cette terrible maladie occasionnée par ce coronavirus, laissant les malades sans soins. Leur collusion avec les grands trusts pharmaceutiques, mais aussi celles et ceux qui veulent établir un nouvel ORDRE MONDIAL, ne fait aucun doute. Nous devrons bientôt accepter une puce sous la peau, injectée en même temps que les vaccins, pour travailler ou voyager. Nous deviendrons des esclaves dévoués à leur entier et total service !

Nous pourrions légitimement nous révolter, demander justice, mais, sans nous en rendre compte, nous alimenterions le conflit, et c'est peut-être ce qu'ils souhaitent afin de procéder à une farouche répression. Tout combat, qu'il soit pour l'ombre ou la lumière, est toujours un combat. Aussi, si nous désirons construire une nouvelle civilisation emprunte de paix et de sérénité, nous devons nous placer au-delà du jugement, dans ce que nous appelons la lumière de vie. En émettant des pensées d'amour, de paix et de fraternité, sans émettre le moindre jugement sur ces Frères et Sœurs de l'Ombre, nous pouvons comprendre qu'il existe une issue : ne plus accepter et cautionner ce qu'ils nous proposent pour notre soi-disant bien être et notre bonheur. Ces êtres ne seront plus rien si nous nous élevons sur des hauteurs où ils ne pourront nous suivre. Nos pensées, issues du cœur, agiront sur l'ensemble de nos corps, le corps physique, le corps émotionnel et les corps subtils, nous permettant de rejoindre un espace de vie tel que je l'ai décrit dans « UN AUTRE MONDE ».

La voie du cœur implique de faire un effort de maîtrise. Elle demande de ne plus agir par le seul mental, mais de soumettre nos importantes décisions à celui qui réside au centre de notre cœur, ce petit être, reflet de la divinité qui sait qui nous sommes dans notre réalité profonde. Il sait comment nous inspirer humilité, douceur et joie de vivre. Il sait comment induire cette chimie particulière qui permet de retrouver la santé à laquelle nous aspirons. Il sait harmoniser nos différents corps et permettre à ceux-ci de vivre plus intensément. Rien de bien compliqué ! La maîtrise des pensées, des paroles et des actions qui en découlent, orientées vers le non-jugement, le sens de la responsabilité et des pouvoirs qui sont les nôtres, en dehors de tout combat, nous conduiront vers un épanouissement comparable à celui que nous aurions atteint si nous avions eu la chance de découvrir la merveille des merveilles, la seule et unique médecine universelle. Cette maîtrise induira un état que vous êtes en mesure de comprendre. Car, si tout est scientifique et répond à des lois précises, le mode de fonctionnement est en réalité très simple.

Que nous entamions le début de l'Ascension par l'utilisation de la médecine universelle ou par la voie du cœur, le processus est identique : nous générons au sein de notre liquide vital qu'est le sang, une chimie particulière. Cette chimie, indispensable à notre éveil, est induite par l'énergie dont j'ai démontré l'existence. Elle porte beaucoup de nom, dont celui de prana. Base de toute la création dans l'univers, cette énergie crée en nous un état particulier dès qu'elle est introduite au sein de nos cellules sanguines en suffisante quantité. La transformation chimique de l'état de notre sang, induite par le prana, est perçue par le petit être qui réside au centre de notre cœur. Il provoque alors une réaction qui active le développement du thymus, lequel régit ensuite l'ouverture progressive des centres psychiques.

Nous pouvons recourir, pour introduire cette énergie vitale dans notre sang, à la médecine universelle qui est un élixir de longue vie, mais de manière beaucoup plus simple, à l'attitude mentale qui fait partie de la voie du cœur et lui ouvre les portes. Aussi, cette voie du cœur est-elle comparable à la voie alchimique pour un même résultat. Elle est la voie royale que je vous conseille d'emprunter. Elle permet à chaque être divin que nous sommes de retrouver les attributs que nous avons jadis abandonnés.

Bon voyage, à chacun d'entre vous sur ce chemin qui vous conduira sur des hauteurs insoupçonnées...

IVAN IVANOVITCH.

Du même auteur :

1 - Tome 2 "Les plus grands secrets du monde".
    - Science des Druides.
    - Transcommunication.
    - Alchimie.
    - Collège sacré.
2 - "Un autre Monde, le Paradis retrouvé".
3 - "Histoires extraordinaires".

BIBLIOGRAPHIE

Titres	Auteurs	Editeurs
Sciences secrètes	Isaac Plotain	Courteau
Le mystère des Cathédrales	Fulcanelli	Pauvert
Les demeures Philosophales	Fulcanelli	Pauvert
Rencontres Avec l'insolite	Raymond.Bernard	E.Rosi.
Nouveaux messages Du sanctum céleste	Raymond.Bernard	E.Rosi
L'empire invisible	Raymond.Bernard	E.Rosi.
La vie mystique de Jésus	H.S. Lewis	E.Rosi.
Concordances Alchimiques	Roger Caro	R. Caro
Pléiade alchimique	Roger Caro	R. Caro
Dictionnaire de Philosophie alchimique	Kamala Jnana	Charlet
Tout le grand œuvre Photographié	Kamala Jnana	R. Caro
Rituel F.A.R.+C et deux Textes alchimiques	Roger Caro	R. Caro
Alchimie	Eugène Canseliet	Pauvert
Deux logis alchimiques	Eugène Canseliet	Pauvert
L'alchimie expliquée sur Ses textes classiques	Eugène Canseliet	Pauvert
Les douze clefs de la Philosophie	Basile Valentin	E minuit
Le dernier testament Bib.Herm.	BasileValentin	
La toison d'or ou la Fleur des trésors	Salomon Trismosin	

Nouvelle lumière Chymique	Le Cosmopolite	
L'entrée ouverte au Palais fermé du roi	Eyrénée Philalèthe	
Œuvres	Nicolas Flamel	
Atalante fugitive	Michel Maïer	Dervy
Petite philocalie de la Prière du cœur	Jean Gouillard	Seuil
Vivre dans le cœur	D. Melchizedek	Ariane
Cercles de paroles	Soria	Ariane
Un nouveau don de Lumière	Kryeon	Ariane
Légenda des FARC	Roger Caro	
Le feu du soleil	Robert Amadou	Pauvert

www.ingramcontent.com/pod-product-compliance
Lightning Source LLC
Chambersburg PA
CBHW071359210526
45465CB00001B/163

www.ingramcontent.com/pod-product-compliance
Lightning Source LLC
Chambersburg PA
CBHW071359210526
45465CB00001B/171